日本エネルギー学会　編
シリーズ　21世紀のエネルギー 15

エネルギーフローアプローチで見直す省エネ

― エネルギーと賢く，仲良く，
　　　　　上手に付き合う ―

工学博士 **駒井　啓一** 著

コロナ社

日本エネルギー学会
「シリーズ　21世紀のエネルギー」編集委員会

　委 員 長　　八木田浩史（日本工業大学）
　副委員長　　本藤　祐樹（横浜国立大学）
　委　　員　　木方真理子（東京電力ホールディングス株式会社）
　（五十音順）　永富　　悠（日本エネルギー経済研究所）

（2019年4月現在）

刊行のことば

　本シリーズが初めて刊行されたのは，2001年4月11日のことである。21世紀に突入するにあたり，この世紀におけるエネルギーはどうなるのか，どうなるべきかをさまざまな角度から考えるという意味がタイトルに込められていた。第1弾は，小島紀徳先生の『21世紀が危ない──環境問題とエネルギー──』であった。当時の本シリーズ編集委員長は堀尾正靭先生であり，小島先生がその後を引き継がれた。ここでは堀尾先生，小島先生の「刊行のことば」を引きながら，シリーズのその後を振り返りつつ，将来に向けての展望を記す。

　『科学技術文明の爆発的な展開が生み出した資源問題，人口問題，地球環境問題は21世紀にもさらに深刻化の一途をたどっており，人類が解決しなければならない大きな課題となっています。なかでも，私たちの生活に深くかかわっている「エネルギー問題」は上記三つのすべてを包括したきわめて大きな広がりと深さを持っているばかりでなく，景気変動や中東問題など，目まぐるしい変化の中にあり，電力規制緩和や炭素税問題，リサイクル論など毎日の新聞やテレビを賑わしています。』とまず書かれている。2007年から2008年にかけて起こったことは，京都議定書の約束期間への突入，その達成の難しさの中で当時の安倍総理による「美しい星50」提案，そして競うかのような世界中からのCO_2削減提案。あの米国ですら2009年にはオバマ政権へ移行し，環境重視政策が打ち出された。このころのもう一つの流れは，原油価格高騰，それに伴うバイオ燃料ブーム。資源価格，廃棄物価格も高騰した。しかし米国を発端とする金融危機から世界規模の不況，そして2008年末には原油価格，資源価格は大暴落した。本稿をまとめているのは2009年2月であるが，たった数か月前には考えもつかなかった有様だ。嵐のような変動が，「エネルギー」を中心とした渦の中に，世界中をたたき込んでいる。

　その後，2011年3月11日，東日本大震災が日本を揺らし，エネルギーをめぐる情勢も大きく揺られて，今日に至っている。原子力発電に対しては，安

全・安心といった面からの見直しが行われつつある。化石燃料から再生可能エネルギーへと舵を切るべく導入された固定価格買取制度は，再生可能エネルギーの導入に対しては大きな効果を上げてきたものの，電力の安定供給と費用負担という観点からは必ずしも十分な成果を上げているとは言い難く，制度の見直しが行われつつある。この間，長年の懸案とされてきた電力・ガスの自由化もスタートした。

地球環境問題に目を転じると，京都議定書から18年，パリ協定は採択からわずか1年足らずというきわめて短期間で発効に至った。気候変動に関する政府間パネル（IPCC）が，産業革命以後の気温上昇を1.5℃に抑えるべきと提言し，温室効果ガスの排出抑制への動きは，より一層高まりつつある。また持続可能な開発目標（SDGs）という将来のあるべき姿に向けて，環境以外の領域を含む目標設定もなされている。

エネルギーは，産業革命以後の人類の発展を支えてきた。21世紀においても，その重要性がなくなることはないであろう。いや，むしろ基本的なインフラとしてエネルギー供給の重要度が増すことは間違いない。

シリーズの発刊から20年近くの時を経て，これまで出版された本シリーズへのご意見やご批判もあろうかと思う。この間の状況の変化に伴い，内容が現在から見た将来とは必ずしも合致しない部分も生じているかもしれない。21世紀という長く，そしてエネルギーにとっては大きな変動の時期を見通すことは難しい。さらに，これからこのようなタイトルを取り上げて欲しいといったご提案もあるかと思う。さまざまなご意見・ご要望は，是非，日本エネルギー学会にお寄せいただければ幸甚である。

また，この場をお借りし，これまで多くの労力を割いていただいた歴代の本シリーズ編集委員各位，著者各位，学会事務局，コロナ社に心から御礼申し上げる。加えて現在，本シリーズは，日本エネルギー学会誌および機関誌「えねるみくす」の編集委員会の委員各位からさまざまなご意見を賜りながら編集を進めている。改めて関係者各位に御礼申し上げる次第である。

2018年11月

「シリーズ21世紀のエネルギー」　編集委員長　八木田　浩史

はじめに

　本書では，省エネルギー（以下，省エネ）についてエネルギーフローからアプローチする．エネルギーフローとはエネルギーの流れのこと示す一般的な用語だが，本書では少し広く，例えばエネルギーの入力の結果得られた種々の便益の流れなども含めてこう呼ぶことにする．したがって，本来は拡張エネルギーフローとでも呼ぶべきものかもしれないが，内容自体は別に新規なものではない．従来から知られているさまざまな省エネの方法論を，エネルギーフローからのアプローチという考え方で整理してみたものとお考えいただきたい．

　著者が省エネに携わるようになって，いつの間にか15年以上となる．省エネルギーセンターに約10年奉職し，省エネ大賞，省エネ技術戦略，省エネ法判断基準改正，省エネ国際規格（ISO 50001）などのさまざまな事業に参加し，多くの経験をさせていただいた．2011年3月，折しも年間約1000件の省エネ診断，数百件の温暖化ガス国内排出権取引などのとりまとめに奔走していたさなかに東日本大震災に遭遇し，省エネをゼロから見直す貴重な体験もした．

　省エネルギーセンター退職後は，出身企業に非常勤研究員として奉職の傍ら，省エネ規格の国際検討チームへの参加，省エネ講座講師，工場等の省エネ実状調査や支援などを通じ，工場等の省エネの最前線で実務に取り組んでおられる多くの方々との交流の機会を得，幾度となく目から鱗の落ちる思いをしている．

　元来著者は民間企業で研究開発設計をやっていたエンジニアである．たまたま1970年代の石油危機にリアルタイムで直面した．以来今日に至るまで，大半がエネルギー関連の研究開発，プロジェクト業務，技術企画などに関わることになったが，省エネの専門家というわけではなかった．省エネに携わるようになってから，省エネとは何かがわからなくなってしまったことが何度もある．

　省エネが大切だといわれて反対する人はまずいない．だが，これ以上の省エ

ネは難しいという人が多い。具体的に何をすればよいかわからないという人も多い。省エネというと，その効果は限定的で地味なものという印象が強いようだ。また，我慢とか，節約と結びつけられて，後ろ向きのイメージをもたれることも多い。

なかには表だって省エネに異論は唱えないものの，「もっと省エネ効果の大きい別の何か」を優先すべきだと考えている人も多いように思われる。一方で，省エネを専門としている人の中には，「もっと省エネ効果の大きい別の何か」は省エネとは別物だと，自ら守備範囲を狭めてしまっている人も多い。

歴史を振り返れば，石油危機の国難を克服するなど，省エネが果たした役割は非常に大きい。そしてこれからも，地球温暖化対策，パリ協定への対応などに対し，最も大きな貢献が期待されるのは省エネである。省エネを小さな殻に閉じ込めてはいけない。もっと前向きで，発展的で，広い省エネに向けて，できるだけ多くの人々に積極的に参加していただかなければならない。

近年は，省エネからエネルギーのことが次第に忘れられてきている。単にエネルギーを節約するだけではなく，エネルギーを上手に活用することが省エネの原点だったはずだ。このためには，エネルギーのことをよく理解し，エネルギーの流れを把握し，エネルギーと上手に付き合うという知恵と工夫の賢い省エネを今一度思い出すことが必要だと思う。

そもそもわれわれがエネルギーを消費するのは何らかの便益を獲得するためのはずである。必要以上の便益のためにエネルギーを浪費すべきではないだろうが，必要な便益まで諦めるような我慢の省エネは無理もあり，長続きしない。このため，エネルギーフローをエネルギーの流れだけで終わらせずに，最終的に真に必要な便益の確保に至るまでの流れとして把握し，損失エネルギーや無駄の削減を検討していく方法論を整理してみた。

省エネは一人でやっても進まない。多くの人々の参加が重要である。このためには，エネルギーの流れだけ考えていては不十分である。人々が連携，協力する仕組みづくり，省エネ推進のモチベーションの確保，人々の多様な価値観

や行動様式などの検討のように，工学技術では対応の難しい多くの重要な課題がある。しかし，それでもなおエネルギーそのものを忘れるべきではないと思う。

じつは，省エネという工学技術はない。あるとすればさまざまな工学分野からの借り物の雑学である。聞こえよくいうならば，エネルギーに関する広汎な工学技術のほとんどすべてが関係する総合工学ということになるかもしれない。だが省エネは実学でなければならない。高尚な抽象的一般論だけでは役に立たない。多くの関係者の誰もが理解し，協力して省エネを進めることができるような，具体的で単純明快なものが求められる。

じつは本書も当初はこれを目指し試行錯誤を繰り返した。だが著者の非力もあって，残念ながら中途半端な部分が残っていることは否めない。レディメイド型の豊富な省エネノウハウ集が多くの読者のご期待とすると，かなり遠いものになってしまった。願わくは，読者ご自身がカスタムメイド型の省エネを検討される際の気づき，ヒントなどとして少しでも役立てていただければありがたい。

実学としての観点からできるだけ具体例による説明を考えたが，盛り込める数には限りがあり，また内容に偏りも生じてしまった。各部分の一般論をご理解いただくための例示とお考えいただければ幸いである。省エネ法やISO 50001に関してはエネルギーフローに関連する参考例としての説明であり，関心をもっていただけたらそれぞれの専門書を参照いただきたい。

できるだけ多くの方々にご理解いただけるよう平易な説明に努めようとしたが，読者の方々それぞれのご専門の部分に関しては何を今さらくどくどと感じられ，そうでない部分は小難しいことをくだくだいわれてもわからないといわれそうである。ご批判はありがたくお受けしたい。

また本書では，冒頭に触れた「エネルギーフロー」をはじめ種々の用語について，説明の冗長化を避けるため独自の定義を行った。具体的内容は各用語が特に関連する各章に「用語の定義」と称するいくつかの図を設けて整理したので参照いただきたい。ただし，まだ便宜的なものであり，完全な用語体系とは

いえないかもしれない。これについてもご批判は歓迎したい。もし本書が一つのたたき台となって，誰にもわかりやすい明快な省エネの方法論の発展に少しでも貢献できれば，望外の喜びである。

　終わりに，本書をシリーズの1冊として執筆することをご支援いただいた前編集委員長　小島紀徳先生，現編集委員長　八木田浩史先生，コロナ社に謝意を表したい。編集委員会の本藤祐樹副委員長，永富悠委員，木方真理子委員には草稿全文を丁寧に精読いただき，多くの貴重な助言をいただいた。また，日本エネルギー学会，省エネルギーセンターをはじめとする多くの省エネ関係者からは，種々の活動を通じ，本書の執筆内容の着想に関し多くの示唆や触発を受けたことも付言しておきたい。

2019年4月

駒井啓一

目　　次

1　エネルギーフローから省エネを考えよう

1.1　ますます広がる省エネの役割 …………………………………………… 1
1.2　省エネが少しわかりにくくなってきた ………………………………… 2
1.3　エネルギーフローアプローチとは ……………………………………… 2
1.4　本書の構成 ………………………………………………………………… 5

2　日本型省エネ手法に見るエネルギーフローアプローチの源流

2.1　日本型省エネの背景を見ておこう ……………………………………… 8
　2.1.1　省エネは資源小国の宿命だった ……………………………………… 8
　2.1.2　日本のエネルギー供給構造 …………………………………………… 9
　2.1.3　石油危機を克服した日本型省エネ手法 …………………………… 10
2.2　省エネ法の概要 ………………………………………………………… 12
　2.2.1　省エネ法の基本的な視点 …………………………………………… 12
　2.2.2　省エネ法の基本構成 ………………………………………………… 13
　2.2.3　省エネ効果のとらえ方 ……………………………………………… 15
　2.2.4　エネルギー量のとらえ方 …………………………………………… 17
2.3　省エネ推進の方法 ……………………………………………………… 18
　2.3.1　省エネ推進手法の体系 ……………………………………………… 18
　2.3.2　工場等判断基準の基本構成 ………………………………………… 20
　2.3.3　判断基準に基づく省エネの進め方 ………………………………… 22

3 変化する省エネとエネルギーマネジメント

- 3.1 省エネを取り巻く諸情勢の変化 …………………………………… 27
  - 3.1.1 エネルギー消費構造の変化 ……………………………… 27
  - 3.1.2 技術進歩と省エネ …………………………………………… 29
  - 3.1.3 地球温暖化対策と省エネ ………………………………… 30
  - 3.1.4 グローバル化する省エネ ………………………………… 31
- 3.2 エネルギーフローのとらえ方の変化 ……………………………… 34
  - 3.2.1 エネマネとエネルギーフロー …………………………… 34
  - 3.2.2 エネルギーフローを下流からとらえる ………………… 34
  - 3.2.3 システムを多変数関数モデルでとらえる ……………… 35
  - 3.2.4 原単位の重要性がむしろ増大 …………………………… 36
  - 3.2.5 マクロにとらえるエネルギーフロー …………………… 37
- 3.3 ISO 50001 エネルギーマネジメントシステムの概要と特徴 …… 38
  - 3.3.1 マネジメントシステム …………………………………… 38
  - 3.3.2 エネルギー方針とマネジメントレビュー ……………… 40
  - 3.3.3 エネルギーパフォーマンス指標 ………………………… 42
  - 3.3.4 エネルギーベースラインと正規化 ……………………… 43
  - 3.3.5 日本型省エネ手法との整合 ……………………………… 44

4 エネルギーフローの現状把握

- 4.1 把握すべきエネルギーフローとは ………………………………… 46
  - 4.1.1 エネルギーネットワークとエネルギーチェーン ……… 46
  - 4.1.2 システムとは ……………………………………………… 48
  - 4.1.3 エネルギーと便益 ………………………………………… 50
- 4.2 エネルギーの定量的な把握 ………………………………………… 53
  - 4.2.1 把握するのは見掛エネルギー量 ………………………… 53

	4.2.2	エネルギーフローのチェーン化 …………………………………………	55
	4.2.3	システムとバウンダリー ………………………………………………	56
	4.2.4	購入エネルギーと内製エネルギー …………………………………	59
4.3	現状把握の方法 ………………………………………………………………………		61
	4.3.1	現状把握の手順 …………………………………………………………	61
	4.3.2	全 体 把 握 ……………………………………………………………	62
	4.3.3	システムの分割 …………………………………………………………	63
	4.3.4	モデル工場の設定とエネルギーフローの整理 ………………	64
	4.3.5	モデル工場のバリューフローの整理 ………………………………	66
	4.3.6	モデル工場のバリューフローのチェーン化 ……………………	68

5　損失発見のエネルギーフロー

5.1	エネルギーバランスフローと省エネ ………………………………………………		71
	5.1.1	損失発見のためのエネルギーフロー ………………………………	71
	5.1.2	エネルギーバランスフローのチェーン化と特徴 …………………	73
	5.1.3	エネルギーチェーンにおける効率の乗算則の応用 …………………	74
	5.1.4	エネルギーチェーンにおける損失の加算則の応用 …………………	76
5.2	エネルギーの有効活用と損失 ……………………………………………………		77
	5.2.1	損失の分類と発生パターン ……………………………………………	77
	5.2.2	見掛エネルギーと本質エネルギー ……………………………………	78
	5.2.3	本質エネルギーの量と質 …………………………………………………	80
5.3	損失発見の着眼点 ………………………………………………………………………		82
	5.3.1	便益の活用の無駄 ………………………………………………………	83
	5.3.2	エネルギー利用の無駄 …………………………………………………	85
	5.3.3	エネルギー変換損失 ……………………………………………………	101
5.4	例題の損失の検討 ………………………………………………………………………		121
	5.4.1	原料処理工程の損失の検討 ……………………………………………	121
	5.4.2	加工組立工程の損失の検討 ……………………………………………	124

5.4.3　事務所の空調の損失の検討 ……………………………………… 126

6　エネルギーフローで省エネを推進

6.1　省エネ推進の概要 ………………………………………………………… 128
　　6.1.1　PDCAサイクルとエネルギーフロー ……………………………… 128
　　6.1.2　省エネ対策立案手順の概要 ………………………………………… 129
　　6.1.3　省エネ対策効果確認手順の概要 …………………………………… 131
6.2　省エネ対策立案の方法 …………………………………………………… 133
　　6.2.1　課　題　選　定 ……………………………………………………… 133
　　6.2.2　方　針　設　定 ……………………………………………………… 134
　　6.2.3　省エネ対策立案のシステム設定 …………………………………… 136
　　6.2.4　エネルギーフローによる省エネ対策の影響評価 ………………… 138
　　6.2.5　関係者の連携と影響評価 …………………………………………… 141
　　6.2.6　省エネ対策立案のまとめと費用対効果の検討 …………………… 144
6.3　省エネ効果の把握と評価の方法 ………………………………………… 145
　　6.3.1　省エネ量と原単位 …………………………………………………… 145
　　6.3.2　便益変動の影響を考慮した省エネ効果の見積 …………………… 147
　　6.3.3　エネルギー消費量の特性関数 ……………………………………… 149
　　6.3.4　省エネ対策効果の実績評価 ………………………………………… 151

7　これからの省エネを考える

7.1　多面的，総合的な省エネが必要 ………………………………………… 154
7.2　スタティックな省エネからダイナミックな省エネへ ………………… 156
7.3　再エネを含めたグローバルな省エネ …………………………………… 157

引用・参考文献 ………………………………………………………………… 160

1 エネルギーフローから省エネを考えよう

1.1 ますます広がる省エネの役割

　省エネルギー，略して「省エネ」という言葉は，1970年代の石油危機当時に使われ始めた。エネルギー資源に乏しいわが国は，世界トップレベルの省エネ技術を確立して，この困難を乗り切った。

　21世紀に入り，省エネが少し変化してきた。エネルギー多消費産業などの大規模工場を中心とした日本経済の存亡をかけた省エネは，時には役割を終えたように見え，忘れ去られることもある。しかし国際的なエネルギー情勢はしばしば変動し，そのたびにエネルギー輸入国の日本は大きく揺さぶられる。

　東日本大震災に伴う原発停止を受けて，国を挙げて夏場の緊急節電などに取り組んだことは記憶に新しい。産業界のみならず，われわれ個人としても懸命に省エネと節電に取り組んだ。夏場の節電はいまなお続いている。

　2016年末にパリ協定が発効し，地球上のほぼすべての国家が参加して温暖化防止に取り組む枠組みが始まった。わが国は，温室効果ガス排出量を2013年比で2030年には26％，2050年には80％削減するという目標を掲げている。温暖化との関連性はいまだ不明確な部分もあるとはいえ，日本でも世界でも異常気象が相次ぎ，いまやほとんどすべての人々が省エネの重要性を実感している。

1.2　省エネが少しわかりにくくなってきた

　省エネの役割はますます広がってきた。しかし省エネとは何かが少しわかりにくくなってきた。かつての省エネは比較的単純であった。エネルギー効率を向上させることにより，乏しいエネルギーを最大限に活用して生産性を上げ，日本経済が生き延びることが課題だった。しかし今日では，かなり状況が変わってきた。

　エネルギー消費構造が多様化し，小規模分散化してきた。大工場の省エネだけでなく，中小工場やオフィスビルなどの省エネも重要となってきた。われわれ個人の省エネも重要となってきたこともあり，いかにエネルギー効率を向上させても省エネにはならないという意見も強まっている。人間の欲望は際限がなく，効率を向上させても贅沢を許せばエネルギー消費量が増えるのではないかいう疑問を完全に払拭することは難しい。

　地球温暖化抑制などの環境保全の重要性を考えれば，経済性や生産性を重視した効率の省エネから脱却すべきとの意見もある。だが一方で，経済的メリットが希薄になった省エネをいかにして推進するかの模索も続いている。省エネの義務化，個人のモチベーションの確保などのための省エネ行動の分析，マーケットメカニズムの創成のための省エネへの経済価値の付与などをはじめ，多くの検討や努力が重ねられている。

1.3　エネルギーフローアプローチとは

　今日の多様化した省エネは，エネルギー効率だけ追求していては不十分だろう。さまざまな角度から見ていくことが必要だ。しかしエネルギーのことを忘れては，省エネはますますわからなくなる。そこで本書では，エネルギーの流れから，省エネとは何かをもう一度考えてみることにした。

　エネルギー効率偏重の省エネには批判的な意見もある。だがわれわれがエネ

1.3 エネルギーフローアプローチとは

ルギーを消費するのは何らかの便益を得るためのはずである。いらない便益のためにエネルギーを消費すべきではないが，必要な便益まで我慢することは無理があり長続きしない。必要な便益を確保するためのエネルギー消費は不可欠であり，効率向上の努力は避けて通れない課題である。

ここで何が必要な便益か，不要な便益とは何かということは重要な問題である。しかし，これは人々の価値観などにもかかわり，ここではあまり深入りしないことにする。だが，せっかく得られた便益の中には役立てられていないものもあることは確かである。また，消費されたエネルギーの中には便益の生成に役立たなかったものもある。こうした無駄や損失を削減していくことが省エネであることは間違いない。このように位置づけて省エネの整理を行っていく。

具体的には，**図 1.1** に示すようなエネルギーから便益への流れをエネルギーフローと呼び，エネルギーフローを把握し，分析し，省エネを考えていく方法論について整理していく。われわれのエネルギー消費は何らかのシステム S にエネルギー E を入力して，必要な便益 B を出力する構造となっている。システム S はモータのような機器の場合，工場等の組織の場合，旅行等のわれわれ個人の行動の場合がある。入力エネルギーは電気や燃料等がある。出力便益もさまざまである。モータの回転エネルギーのように出力便益もまたエネ

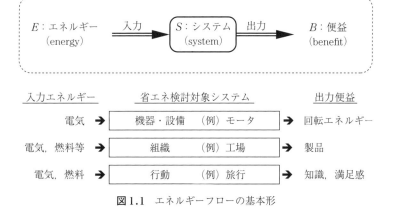

図 1.1 エネルギーフローの基本形

ギーという場合もある。工場の製品のように有形の非エネルギー便益もある。個人の知識や満足感のような無形の非エネルギー便益もある。

図1.2に示すように，入力エネルギーは大元をたどれば大半は天然ガス，石油，石炭などの化石燃料に行き着く。ここから長いサプライチェーンを経由して，省エネの検討対象となるシステムに入力されることになる。このサプライチェーンも多数のシステムで構成されている。それぞれのシステムは上流のシステムから入力エネルギーを受け取り，エネルギー便益を出力して下流のシステムに受け渡している。

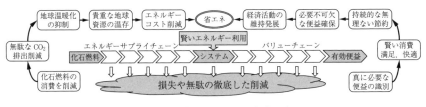

図1.2　エネルギーフローと省エネ

省エネの検討対象システムから出力された便益も，そこで終わりではない。エネルギー便益であれば，下流のシステムの入力エネルギーとなる。非エネルギー便益もエネルギーを消費した結果として獲得されたものであるから，エネルギーとしての価値（バリュー）をもっていると考えることにする。ここではエネルギーフローを，このような便益のバリューチェーンも含めてとらえる。

化石燃料が消費されて最終的に真に有効な便益となるまでの間には多数のシステムが介在し，さまざまな損失や無駄が発生している。このようなエネルギーフローをできるだけ的確に把握して，無駄や損失を削減していくことで省エネを図っていくことを考える。

なお，本書では説明の便宜のため，エネルギー，システム，バリューなどの種々の用語を独自に定義しているが，これらについては該当する後段の各章で整理しているので参照いただきたい（図2.4，図2.5，図3.3，図4.3〜図4.7，図4.9，図4.11，図5.2，図5.9参照）。

1.4　本書の構成

　海外資源国の化石燃料資源から消費者の最終便益に至るエネルギーフローはあまりに長い。専門の研究分野もあるが，本書の手に負えるところではない。ここでは，もう少し現場的，実学的に省エネを考えたい。だが直接の検討対象だけを見た省エネでは見えない部分も多い。したがって，現実的な範囲でできるだけ広くエネルギーフローをとらえていきたい。

　省エネにおけるエネルギーフローアプローチといっても，特に目新しいものではない。既存の省エネ手法には，多くの先人が指摘してきた数々の知恵と工夫が盛り込まれている。それを可能な限り活用していきたい。だが省エネを取り巻く諸情勢は大きく変化している。そのために現行の省エネの手法やそもそもの考え方が次第にわかりにくくなり，時には混乱も生じている。そこで，あくまでも著者の視点ではあるが，現在の省エネの状況への適用を考えてエネルギーフローのとらえ方に関する整理を試みた。

　2章では日本の省エネを振り返る。わが国は石油危機などの国難を克服するため省エネ法を中核とする独特の省エネ手法（以下「日本型省エネ手法」と呼ぶことにする）を確立し，世界に先駆けて省エネを確立し，発展させてきた。その基本は原単位（出力便益当りのエネルギー消費量）の低減，すなわちできるだけ少ないエネルギー消費量で必要な便益を確保することにあった。本書のエネルギーフローアプローチも，日本型省エネ手法を出発点として組み立てている。このため2章では，日本型省エネ手法の中にあるエネルギーフローの考え方についてまず整理しておく。

　3章では省エネを取り巻く近年の変化について述べる。エネルギー消費構造が複雑化，多様化してきた。エネルギーフローのとらえ方が次第に不明確になりつつあり，原単位の評価が難しくなってきている。省エネ法も数次の改正が行われ，つぎつぎと対応策がとられている。飛躍的に進展した情報技術も活用され，大きく貢献している。原単位の低減を中心とした日本型省エネ手法とは

異なる国際的な省エネの取組みも進みつつある。これらは，必ずしもエネルギーフローに重点が置かれているわけではないが，従来のわが国の考え方にはなかった新しい省エネの視点も導入されてきており，これからのエネルギーフローアプローチを考えていく上で見逃すことができない。

 4章ではエネルギーフローの現状把握について述べる。省エネを検討するためには，どこで，何のために，どれだけのエネルギーが使われているのかを知る必要がある。現実のエネルギーフローはきわめて複雑だが，まず最終便益を把握し，そこに向かうエネルギーフローを整理していく方法論を検討する。その際に，エネルギーの概念整理についても触れる。われわれが実用上エネルギーとして扱っているものは，実は多くの場合は見掛のエネルギーであり，本質的なエネルギーとは異なっている。しかし省エネを検討する上では，見掛エネルギーは便利な考え方であり，まさに先人の知恵である。このような考え方を非エネルギー便益のバリューフローにも応用展開し，化石燃料から最終便益までのエネルギーフローを把握していく方法を考えていく。

 5章では損失の発見について述べる。省エネとは損失の削減であり，損失の発見は省エネ課題の抽出につながる。最終的に役立たなかったエネルギー消費は中間便益も含めて損失である。損失を考える場合には，実用面で便利な見掛エネルギー量だけでなく，本質的エネルギー量についても踏み込んで考えることが必要になってくる。この際，本質エネルギーの量的な損失だけでなく，質の低下も状況に応じ考えていかねばならない。これらにも言及しながら，損失の発生要因などについて，エネルギーフローの下流から上流に向けて，順に検討していく。

 なお，5章では「ティータイム」と称するコラムをいくつか設けた。主たる内容はエネルギーの質の改善に関するものである。本来はかなり難解な技術論だが，著者の理解の範囲で思い切って単純なモデルで解説を試みたもので，専門家の失笑を買うかもしれない。これらコラムなしでも一応の話が通じるように努めたので，読み飛ばしていただいても差し支えない。だがエネルギーの予備知識の少ない方には，コラムなしでは抽象的すぎてむしろわかりにくいかも

しれない。できれば気軽な気持ちで目を通していただければ幸いである。

6章では実際の省エネ推進について述べる。省エネ推進では適切な計画が重要である。このためまずエネルギーフローを把握し，損失を確認し，その削減方法を計画する。種々の対策の中から適切なものを選択し，関係者の協力を得ることが必要で，関係者の納得を得ながら，経済性も含め多様な観点から合理的に計画する必要がある。対策を実施したら，結果の確認と的確な評価を行い，さらなる省エネへ進展させいく。省エネの評価はエネルギー消費量や原単位の低減だけでなく，エネルギーフローの特性改善も対象とすることが有効である。省エネ推進におけるエネルギーフローの役割についても述べる。

7章ではこれからの省エネの課題を簡単に整理する。第1の課題として本書のエネルギーフローアプローチから切り離してきた便益のバリュー評価，多くの人々の連携，マネジメントなどのさまざまなアプローチとの連携を挙げる。また第2の課題として，本書で検討してきた年間エネルギー消費量の低減などのスタティックなエネルギーフローの延長として，緊急節電や変動性再エネへの対応などのためのダイナミックなエネルギーフローの検討を挙げる。そして第3の課題として，再エネを対象外と位置づけることによってその導入拡大に貢献している現在の省エネの先に，いずれ必須となる再エネの大量導入時代を見据えた再エネの省エネを挙げる。再エネの枯渇は考えなくてもよいかもしれないが，例えば日本国内で1年間に得られる量などというように，時間と場所を区切れば有限である。再エネについても，できるだけ少ない消費量で必要な便益を確保するという省エネの考え方の導入が，いずれは不可欠となってくる。

2 日本型省エネ手法に見るエネルギーフローアプローチの源流

2.1 日本型省エネの背景を見ておこう

2.1.1 省エネは資源小国の宿命だった

最初に日本の国全体としてのエネルギーフローを見ておこう[1]。**図2.1**に示すように4.8億 toe（ton oil equivalent，原油換算トン）の一次エネルギーが消費され，電気，熱，燃料などの二次エネルギーとして産業，民生（家庭および業務），運輸の各部門に供給されている。二次エネルギーの合計は3.2億

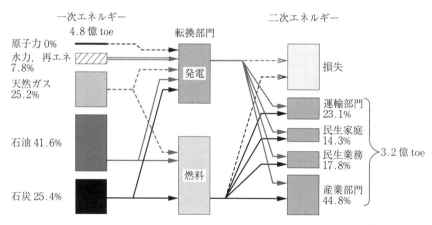

「エネルギー白書2016」[1]を基に作成

図2.1 わが国のエネルギーフローの概要

toe であり，一次エネルギーとの差1.6億 toe が転換損失ということになる。

　かつては二次エネルギーの2/3以上が産業部門で消費されていたが，民生部門，運輸部門のエネルギー消費量が増大し，合計では産業部門を上回っている。

　一次エネルギーの大半は石炭，石油，天然ガスなどの化石燃料であり，そのほぼ全量を海外からの輸入に頼っている。以前は国産エネルギーに計上していた原子力は東日本大震災以降ほとんど停止しており，水力などの国産エネルギーは8％にも満たない（2018年現在では約6％となっている）。

　わが国はエネルギー資源に乏しい。その上，広くはない国土に1億もの人口を抱え，欧米と同等の経済レベルを維持している。しかし欧州諸国と異なり，四方を海に囲まれた島国で，パイプラインやケーブルで隣国からガスや電力の供給を受けることも期待できない。

　省エネは化石燃料消費の削減であり，これは炭酸ガス発生量の抑制につながる。だがわが国にとって省エネとは，それ以前に資源小国としての生き残りのため宿命的に不可欠なものだった。これが日本の省エネの原点といえる。そして，これは基本的には現在にも共通するところである。

2.1.2　日本のエネルギー供給構造

　図2.2にわが国の一次エネルギー供給構成の推移を示す[1]。1973年当時は一次エネルギーの80％近くを石油が占め，そのほぼ全量を輸入に頼っていた。このような状況で第一次石油危機が発生し，国も産業界も一致して日本経済の生き残りをかけて省エネに取り組んだ。

　少し時代をさかのぼると，敗戦後間もない1953年の日本は，エネルギーも物資も不足し水力と国内炭鉱だけが頼りだった。限られた国産エネルギーを巧みに活用して戦後の復興を成し遂げた。エネルギーの上手な使い方の工夫が不可欠だったはずだ。日本型省エネ手法のルーツはこの頃にすでに生まれていたに違いないと考えられる。

　その後，中東で大油田がつぎつぎに開発され，安価な石油が大量に輸入され

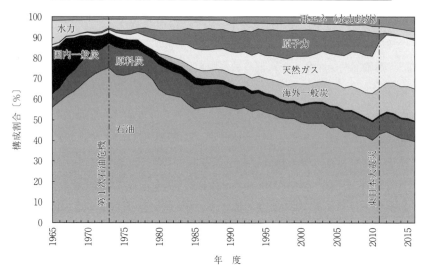

（エネルギー白書2018より作成）

図2.2 わが国の一次エネルギー構成の推移[1]

るようになった。エネルギーの流体革命とも呼ばれた。わが国経済は高度成長を遂げたが，その一方で国内炭鉱はつぎつぎと閉山し，電力も水主火従から火主水従に移行していった。

　安価な輸入石油に支えられ経済成長を謳歌しているさなかに石油危機に遭遇した。わが国の経済は大混乱を生じた。このため種々の石油代替エネルギーの利用が進められた。LNG技術を発展させて海外天然ガスを島国の日本へ輸入する途を開いた。国内炭鉱はほぼすべて閉山となったが，海外石炭の輸入を解禁し，クリーンコールテクノロジーと総称される種々の利用技術を発展させて石炭の有効活用を進めた。原子力は現在ほぼ0％だが，東日本大震災までは石油依存の脱却に大きく貢献した。その結果，一次エネルギーに占める石油の割合は今日では41％まで低下している。

2.1.3　石油危機を克服した日本型省エネ手法

　種々の石油代替エネルギーによってわが国は石油危機を克服した。しかし最

も大きく貢献したのはじつは省エネだった[2,3]。資源小国ならではの日本型省エネ手法を復活させた。伝統の省エネ技術を最大限に活用して原単位（生産量当りのエネルギー消費量）の低減に努め，経済を再生させた。

東日本大震災前の2007年時点のわが国の一次エネルギー消費量は5.61億toeだったが，1973年当時は3.85億toeとまだ小さかった。一方，GDPも半分以下だった。もし省エネがまったく進まずGDPを分母とした原単位が一定であったならば，図2.3（a）に示すように，2007年の一次エネルギー消費は計算上8.51億toeに増えたはずだ。したがって，実際の消費量との差の2.9億tを省エネによって産み出された一次エネルギー量と見ることもできる。

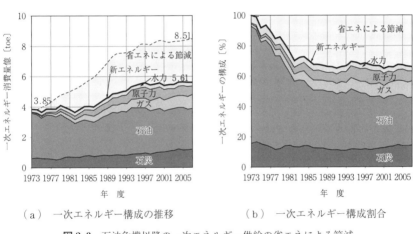

（a） 一次エネルギー構成の推移　　　　（b） 一次エネルギー構成割合

図2.3　石油危機以降の一次エネルギー供給の省エネによる節減

省エネによって産み出された量を含めて，わが国の一次エネルギーの構成割合の推移を図2.3（b）に示す。この図を見ると，わが国の石油依存率低減に対する省エネの貢献は，石炭，天然ガス，原子力よりもはるかに大きいことがわかる。省エネなしでは，わが国は石油危機を乗り越えることは不可能だったろう。

2.2 省エネ法の概要

2.2.1 省エネ法の基本的な視点

　日本型省エネ手法の核心部分は，具体的には省エネ法（エネルギーの使用の合理化等に関する法律）を中心に体系づけられている。省エネ法は，戦後間もない 1947 年に制定された熱管理法をベースに 1979 年に制定されたものである。省エネという言葉も，省エネ法制定の前後に誕生した。省エネ法の特徴的な視点を整理してみると，以下のようになる。

　第 1 に，当初の目的が石油危機への対応であり，海外からのエネルギー輸入量の削減がその背景に色濃く存在している。輸入エネルギーはすべて化石燃料起源であることから，結果的に CO_2 排出削減とも一致する。

　第 2 に，エネルギー資源小国としての生き残りをかけ，少ないエネルギーで何とか経済活動を維持していくことが使命だった。この視点から，原単位の低減に最大の力点が置かれている。

　第 3 に，当初の重点は工場，特に大工場の省エネだった。石油危機当時のわが国は，エネルギー消費構造も，経済構造も工場部門，特に大規模工場が中心であり，その生き残りが国家として最大の課題であったためである。今日ではやや変化してきているとはいえ，その基本的性格はいまなお残されている。

　第 4 に，国の法律であるとともに官民連携による省エネノウハウの集積の場としての機能も果たしている。鉄鋼，化学，セメントなどのエネルギー多消費型産業の大規模工場を中心に，民間企業に蓄積されていた省エネノウハウが集められ，これが整理されて広く公表され，国内でエネルギーを使用する事業者全体の共有化が図られるという構造になっている。

　第 5 に，エネルギー供給不安克服のため，民間の自主的な省エネの取組みを支援する奨励法の性格が強い。エネルギーの過剰消費を取り締まる規制法としての性格は，少なくとも当初はあまり強くはなかった。今日では若干の変化も見られるが，基本的にはいまなお当事者の自主性を極力尊重する手法を維持し

2.2 省エネ法の概要

ながら実効を上げている。それほど強制的な義務化をすることなく、これだけの成果を上げていることは、諸外国には見られない日本型省エネ手法の大きな特徴となっている。

第6に、対象とするエネルギーは図2.4に示すように化石燃料を起源とするものに限定されている。太陽光、風力などの再エネ（再生可能エネルギー）はエネルギーと見なされない。これも海外から輸入される石油などの化石燃料削減を目的としたことに由来すると考えられる。だが見方を変えれば、再エネであればいくら使っても規制の対象外ということになる。再エネの取扱いについては本書の最後に改めて言及するが、結果的に再エネ利用の拡大にも役立つ仕組みになっていることも大きな特徴である。

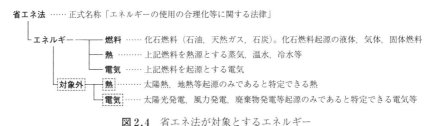

図 2.4　省エネ法が対象とするエネルギー

2.2.2　省エネ法の基本構成

省エネ法は、前述のとおり当初は工場の省エネを対象として制定された[4]。その後のエネルギー情勢の変動については3章で改めて述べるが、省エネ法もこれに呼応して改正を重ね、現在では図2.5に示すようにその範囲が拡大されている[5,6]。

当初からの対象であった工場も、その範囲が拡大している。日本の産業構造、経済構造の変化によってビルのエネルギー消費量が増大したことに伴い、図2.5に示すとおりこれらを「専ら事務所等の用途に供する工場等」と定義づけ、従来からの工場と合わせて「工場等」として扱うことになった[7]。ここでビルとは、オフィスビル、商業ビル、病院、ホテルなどの、いわゆる民生業務

14 　2. 日本型省エネ手法に見るエネルギーフローアプローチの源流

省エネ法 …… 正式名称「エネルギーの使用の合理化等に関する法律」
└ **規制分野** … 各分野の事業者が対象
　├ **工場等** …… 特定事業者（1 500 kL/年以上），指定工場（第1種：3 000 kL/年以上，第2種：1 500～3 000 kL/年），指定外
　│　├ **工場** …… 工場（専ら事務所等の用途に該当しないすべての工場等を指す）
　│　└ **ビル** …… オフィス，小売店，飲食店，病院，ホテル，学校等（専ら事務所等の用途）
　├ **輸送** …… 特定事業者：保有車両数，輸送量（t）×輸送距離（km），年間輸送の大きいもの
　│　├ **輸送事業者** …… 事業用および自家用貨物，旅客輸送（鉄道，自動車，船舶，航空機）
　│　└ **荷主** …… 貨物輸送を輸送事業者に委託する事業者
　├ **住宅・建築物** …… ◇建築主，◇住宅・建築物所有者・管理者，◇住宅供給事業者 ⇒ 「建築物省エネ法」
　└ **機械器具等** …… 製造，輸入，加工事業者（特定機器につきトップランナー基準の適用を受ける）
　　　├ **エネルギー消費機器** …… 特定機器（乗用車，エアコン，照明，テレビ，複写機など，29品目）
　　　└ **熱損失防止建築材料** …… 特定材料（断熱材，サッシ，複層ガラス）

図 2.5 省エネ法の規制分野

部門をいう。

　エネルギーの使用量が大きい工場は，当初からエネルギー管理指定工場（以下「指定工場」）とされ，省エネ推進の重点対象として定期報告書提出の義務などが課せられていた[4]。エネルギー消費構造の変化に伴い，これが第1種および第2種に区分され範囲が拡大された。また工場等に含まれるようになったビルについてもエネルギー消費量の大きいものは対象となった。さらに個々の事業所は小規模でも企業全体としてのエネルギー消費量が大きい場合も対象とすることになり，エネルギー管理特定事業者（以下「特定事業者」）という制度も追加されている。

　エネルギー消費構造の多様化に伴い，省エネ法は輸送，住宅，機器へとつぎつぎに対象を拡大し，日本型省エネ手法はさらに発展した。運輸部門のエネルギー消費量増大に伴い，輸送エネルギーも省エネ法の対象に追加されている。貨物および旅客の輸送事業者の中で輸送量の多い特定輸送事業者と，一般の事業者の中で輸送委託量の多い特定荷主について，それぞれ定期報告書の提出義務などが定められている。

　建築物についても，建築主，建築物の所有者・管理者，供給事業者に対して，それぞれの規模に応じて特定事業者を定める同様のスキームが省エネ法として定められたが，建築物の省エネの重要性が高まり平成28年度から別の法

体系（建築物省エネ法）が制定され，移管されている。

機械器具等についても，自動車，エアコン，照明器具などに関し省エネ性能の目標値を公表する制度が定められ，メーカ等に対し目標年度までに目標値を達成することが求められている。目標値を市場製品の中のトップクラスの省エネ性能とすることから，トップランナー方式と通称されている[8]。

これは直接的には一般消費者に関するものではないが，メーカ間の公正な技術開発競争を確保するために省エネ性能表示方法などを定めていることから，結果的に一般消費者が省エネ製品を選定するための判断材料としても機能している。

2.2.3 省エネ効果のとらえ方

省エネ法の出発点となった工場の省エネの基本は原単位の低減である。原単位はエネルギーフローの入力をエネルギーフローの出力で割った値であり，エネルギーフローの改善を評価するものと考えることができる。

省エネ効果を原単位によってとらえるという考え方は，**表 2.1** に示すように，省エネ法の各分野に共通する日本型省エネ手法の基本的な考え方となっている。工場に関しては，1年間のエネルギー消費量を分子，1年間の出荷製品量や売上高などの便益を分母とした分数が適用される。毎年の原単位の低減も

表 2.1 省エネ法の各分野のエネルギーフロー評価

規制分野	入力 E	システム S	出力 B	評価指標 (効率：$\eta = B/E$，原単位：$e = E/B$)
工場等	購入エネルギー →	工場	→ 生産数量，出荷金額等	原単位 kL/t, kL/個, kL/円
	購入エネルギー →	ビル	→ 床面積，床面積×営業時間等	原単位 kL/m², kL/(m²×hr)
輸送	燃料消費量 →	輸送事業者	→ 輸送量×輸送距離	原単位 kL/(t×km)
機器	燃料消費量 →	自動車	→ 走行距離	燃費（効率） km/L
	電力消費量 →	エアコン	→ 冷暖房熱エネルギー	COP, AFP 無次元
	電力消費量 →	照明器具	→ 全光束	効率 ルーメン/W
	電力消費量 →	磁気ディスク	→ 記憶容量	原単位 W/GB

大切だが，長期的，継続的な低減が特に重視される。具体的には5年間の平均低減率1％/年という努力目標が示されており，特定事業者は定期報告書で達成状況を報告することになっている。

ビルに関しては床面積や，これに営業時間を乗じた値などが分母として適用される。これも空調や照明などのエネルギー消費の恩恵を受ける便益の大きさを定量するパラメータと考えることができる。

なお工場等の原単位の分母に関する省エネ法の公式な説明はエネルギー使用量と密接に関連する量となっている[9]が，後述のISO 50001などで用いられる関連変数とは性格が異なっている。このため，ここではエネルギー消費が目的とする便益の大きさを定量したものととらえることにする。

輸送に関しては，便益として輸送量〔t〕×輸送距離〔km〕などとして算定される輸送量が用いられ，1年間の輸送エネルギー消費量を1年間の輸送量で割った原単位が評価指標となる。年間輸送量の大きい特定輸送事業者，特定荷主に対して，工場等と同様に平均1％/年の原単位低減を目標に定期報告書を提出することを求めている。

トップランナー制度で目標値が設定される機器のエネルギー効率は，工学的，技術的に定義される効率とはかなり異なるが，各機器をシステムと見て出力便益と消費エネルギーとの関係を見ている点では工場等と共通する。原単位（便益当りのエネルギー消費量）を用いるものと，その逆数である効率（エネルギー消費量当りの出力便益）を用いるものとがある。

しかし最近では，技術進歩による機器性能の高度化や多機能化などに伴い変化が生じている。例えば，プリンタは時間当りの入力エネルギーを時間当りの出力枚数で割った値で規定している点では原単位と共通である。しかし，印刷速度によって機種を区分し，区分ごとに印刷速度の関数として算定されるエネルギー消費量を基準エネルギー消費効率とするなど，その入出力の関係は複雑である。

近年では機器はますます多機能化している。主たる便益以外に付帯的なさまざまな便益がある。多機能化などに伴い機器の使用方法や使用条件が多様化

し，エネルギーフローの把握が難しくなってきている．工場等もエネルギーフローが複雑化し，生産に直接関係しない固定エネルギーの影響などにより原単位が不規則に増減し，省エネがわかりにくくなっている．

複雑な工場や機器の内部のエネルギーフローをきめ細かく分析していく代わりに，全体を多変数関数のマクロモデルなどとして分析していくという考え方も広がりつつある．便益をエネルギー消費の目的ととらえるのではなく，エネルギー消費量に関係する多数のパラメータの一つとする考え方に近づいている．

総量としてのエネルギー消費量の低減だけを考えるならば，複雑な多変数関数を高度のシミュレーション技術などで分析してエネルギー消費量の低減を図っていくことも一つの方法である．これについては3章で改めて触れたい．

だが少ないエネルギー消費量で必要な便益を確保してこなければならなかった日本のエネルギー事情の中で培われてきた，きめ細かいエネルギーフローの分析を通じた原単位の低減の追求という日本型省エネ手法も忘れるべきではない．

2.2.4 エネルギー量のとらえ方

省エネ法におけるエネルギー量の考え方について代表的なものを表2.2にまとめた．燃料の発熱量については，特殊なものを除いては，国内で消費され

表2.2 省エネ法におけるエネルギー量の考え方

区分	考え方	例			原油換算
		名 称	価	単 位	
燃料	使用した燃料の発熱量 （主要なものは法定値）	灯油	36.7	GJ/k	0.0258 kL/GJ
		LNG	54.6	GJ/t	
		その他天然ガス	43.5	GJ/10^3m^3	
熱	発生に使用した燃料の発熱量 （熱量に法定倍数を乗じる）	産業用蒸気	1.02	倍	
		その他蒸気など	1.36	倍	
電気	消費電力〔kWh〕に法定値を乗じる	昼間電力	9 970	kJ/kWh	
		夜間電力	9 280	kJ/kWh	

ているものの平均値あるいは代表値が示されており，これを活用すれば入力エネルギー量の算定が比較的容易である．ただし，その計算値が真のエネルギー量と必ずしも一致するわけではない．

外部から購入する熱エネルギーである蒸気，温水，冷水などの1 GJのエネルギーは1.36 GJとすることが基本とされている．これは熱供給会社への入力エネルギーを想定したものであり，蒸気などの真のエネルギー量とはもちろん一致しない．産業用蒸気の場合は，1 GJの蒸気のエネルギーは1.02 GJに相当するとなっているが，この場合の蒸気は産業プロセスの副産物であるととらえており，真のエネルギー量との差は小さくなっている．

電力エネルギー1 kWhは，理論上は3.6 MJであるが，2003年度の9電力会社および卸売電気事業者の汽力発電所の運転実績をベースとした火力発電所の熱効率および送配電などの需要端までの損失を考慮して定められ，昼間電力であれば1 kWh＝9.97 MJと見なすことになっている．また大型水力発電や原子力発電で得られる電力は非化石燃料起源だが識別が難しいので，この平均値算定の中に組み込まれていてエネルギー消費量として計上されることになる．

算定されたエネルギー量は1 GJが原油0.025 8 kLに相当するとして，最終的に原油消費量として表示することになっている．このようにエネルギー種別ごとに国内の平均値を勘案して定められたものであり，真のエネルギー量とは必ずしも一致しないということは記憶にとどめておいてほしい．このような方法はわが国に限らず世界的にも一般的なものであり，例えばエネルギー管理指定工場がエネルギー消費量を算定し報告する際などの利便性と，国全体としての一貫性を確保するものとなっている．

2.3　省エネ推進の方法

2.3.1　省エネ推進手法の体系

日本型省エネ手法の出発点となった工場等に関する省エネ法の措置について，もう少し具体的に見ておく．図2.6に省エネ法に基づく工場等の省エネ

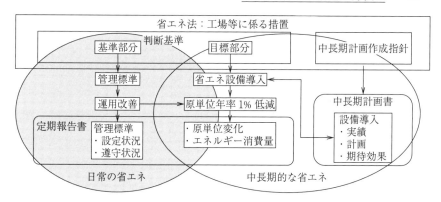

図 2.6 省エネ法に基づく工場等の省エネ推進体系

推進体系を示す。

　省エネ法は，その制定当初から判断基準（現在の正式名称は「工場等におけるエネルギーの使用の合理化に関する事業者の判断基準」）を国が公表することが定められた。判断基準の狙いは基本的には省エネヒント集である。大規模工場を中心に民間に蓄積されていた省エネノウハウを国が集成して公開し，工場規模を問わず国内のすべての事業者が，これを参考に自主的に省エネマニュアルを整備し，国の省エネが推進されていくことが企図されている。

　判断基準は基準部分と目標部分の二つに分かれており，日常の省エネと中長期的な省エネにそれぞれ対応する[10]。日常の省エネとは設備の運用改善の省エネであり，例えば既存設備を知恵と工夫で効率的に運用して省エネを図ることを指している。このためには省エネマニュアルの整備が重要であり，この省エネマニュアルのことを管理標準と呼んでいる。つまり管理標準を設定するためのヒント集が判断基準の基準部分ということになる。

　管理標準の設定と遵守は国内のすべての事業者に求められるものだが，指定工場や特定事業者には定期報告書による管理標準の設定および遵守状況の報告義務がある。2018年現在，全国で約12 500事業者に定期報告書などの提出義務があり，エネルギー使用量では工場の9割，ビルの4割がその対象となっている。近年，諸外国でも企業などの省エネに係る法制度などが整備されつつあ

るが，このように広く普及し定着し，実効を上げているものは世界的にも類を見ない。

一方，判断基準の目標部分では最重要事項として，原単位を中長期的にみて年率1％改善するという努力目標が示されている。しかし，この目標達成は日常の省エネ努力の積み重ねの結果と位置づけられている。この背景には，強制的に原単位の低減だけを求めても実効は少ないという日本型省エネ手法の基本的な考え方がある。

ただし日常的に運用改善努力を重ねても，その効果にはいずれ限界があり，やがて高効率設備の導入が必要になるという考え方も盛り込まれている。このため特定事業者には定期報告書とは別に中長期計画書の提出が求められ，省エネ設備導入の実績，計画，期待効果などを報告することになっている。

目標部分には省エネ設備導入のためのヒント集という役割もある。省エネ設備の導入に関しては，判断基準とは別に「中長期計画作成指針」も国が公表することが定められており，広汎な省エネ機器が適用業種別に編集されている。なお，基準部分にも運用改善とともに新設にあたっての措置に関する留意事項が併記されているが，その範囲はすでに広汎に普及しているものなどに限られている。

省エネ設備の適切な選定には十分な検討を要する。いかに高効率な設備でも目的や条件が不一致だと省エネ効果が出ず，逆効果になる可能性もある。また，設備の導入には資金準備も必要で，計画的に取り組む必要がある。したがって，まず基準部分を遵守した日常の運用改善を実施し，これを通じて必要な設備の機能や性能を十分見極めながら計画的に設備投資の準備を進めて目標部分につなぎ，省エネ設備の効果的な導入を推進するという体系となっている。

2.3.2　工場等判断基準の基本構成

前述のとおり，判断基準の基準部分の主たる内容は管理標準と呼ばれる省エネマニュアル作成のためのヒント集となっていて，エネルギーフローの改善に

関する日本のノウハウが結集されたものになっている。実際の省エネ推進は，機器や設備の適切な運用を通じて実現されるというのが基本的な考え方である。このため省エネマニュアルは機器や設備単位で整備されることが想定されている。したがって，機器や設備ごとにそれぞれのエネルギーフローを把握し，その改善に役立つヒントを判断基準から探し出し，マニュアルを整備することが求められている。

判断基準の基準部分の基本構成を図2.7に示す。ビルについては，設備の種類別に関係する省エネヒント集をすべてまとめる形に編集されている。一方工場では，エネルギーフローを六つのパターンに区分し，パターンごとにエネルギーフロー改善のヒントがまとめられている。工場では生産機械，用役設備，産業機械などの多種多様な機器や設備が使われていることから，設備の種別に判断基準を編集するという考え方が当初から存在しなかった。つまり省エネマニュアルを作成するためには各機器や設備のエネルギーフローを検討し，該当するパターンの省エネヒントを参照していくという方法が想定されていた。ビルについても，当初は工場と同じヒント集が適用されていたが，工場に比べると使用されている機器や設備の種類が限られることから，近年設備別の

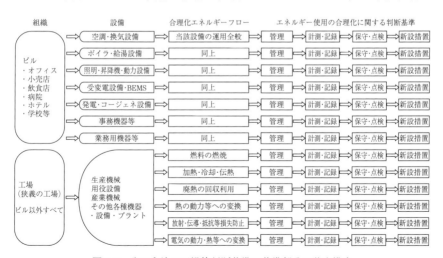

図2.7　省エネ法の工場等判断基準の基準部分の基本構成

編集に改正されたものである。この結果，設備ごとに該当するエネルギーフローをいちいち探し出す必要がなくなった。しかし一方でエネルギーフローに対する事業者等の理解や認識がやや薄れてきており，注意が必要かもしれない。

工場の判断基準では，例えば燃料を燃焼させて熱エネルギーを得る設備であれば，入力エネルギーが燃料の化学エネルギー（発熱量），出力便益が熱エネルギー（高温の燃焼ガス等）というエネルギーフローが考えられるので，燃料の燃焼の項目を参照すれば省エネ推進のヒントが記載されている。

エネルギーフローの六つのパターンは，図2.8に示すように相互に関連している。一つの機器や設備に複数のパターンのエネルギーフローが関係する場合も多い。例えばボイラは，燃料の燃焼，加熱・冷却・伝熱，廃熱の回収利用，放射・伝導・抵抗等損失低減，電気の動力・熱等への変換の五つのパターンが関係する。このためボイラの省エネマニュアルを整備するためには，判断基準の6パターンのうち5パターンを参照することになる。

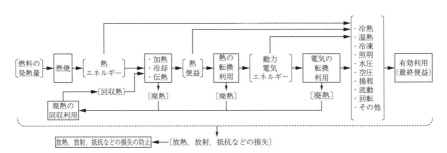

図2.8 省エネ法の工場等判断基準に見るエネルギーフローの考え方

2.3.3 判断基準に基づく省エネの進め方

図2.9に判断基準を活用した省エネ推進方法をまとめた。まず対象とする事業所（工場またはビル）全体のエネルギーフローを確認し，エネルギーを使用している設備を洗い出す。検討対象とすべき設備の範囲として，事業所全体のエネルギー消費量の8割以上をカバーすることが目安となっている。つぎに

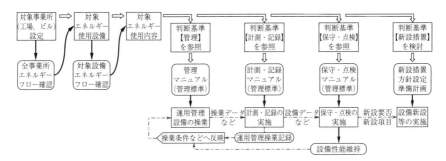

図 2.9 省エネ法の工場等判断基準に基づくエネルギー管理の体系

工場の場合は，各対象設備のエネルギーフローを確認して該当するパターンの区分に記載されている省エネヒント集を参照していくことになる。ビルの場合は各対象設備がどの区分に該当するかを見ればよい。

各区分の省エネヒント集は，管理，計測・記録，保守・点検，新設措置の4分野に分けて記載されているが，基本的な省エネのヒントは，管理分野にまとめられている。計測・記録，保守・点検分野には，これを確実に実行するために必要な計測・記録，保守・点検の省エネマニュアル作成のためのヒントが示されている。新設措置分野にはマニュアル作成のヒントではなく，設備更新を検討するための留意点などが示されている。

判断基準の記載はあくまでヒントであって，実際の省エネはこのヒントを基にマニュアル（管理標準）を整理し，そしてマニュアルに従って管理，計測・記録，保守・点検を実施することが想定されている。実際の工場，ビルの設備構成や運用実態はさまざまであり，これを特定のマニュアルに限定することは現実的でなく，また必ずしも省エネとはならないという考え方からヒントだけが記載されている。

判断基準には，エネルギー使用を規制するよりも，民間に蓄積された省エネのノウハウを共有することにより自主的な省エネを奨励するという省エネ法の特徴が表れている。まずは設備ごとに適切な管理を行うことが基本であり，このために必要な項目を計測・記録し管理にフィードバックする。そして定期的に保守・点検を実施し，適切な管理が可能な状態を確保する。このような省エ

ネ推進を繰り返しながら,その状況を踏まえて設備の新設を計画的に実施する。これは日本型省エネ手法におけるエネルギーマネジメントの流れを体現しており,3章で述べる国際規格のエネルギーマネジメントとは異なっている。

少し具体的に内容を見てみる。例えば燃料の燃焼の管理分野には「空気比をマニュアルで定めよ」という主旨のヒントがある。空気比は理論燃焼空気量に対する実際の供給空気量の比である。良好な燃焼の確保のために十分な空気量供給が必要なことは明らかだが,過剰な空気供給は排気ガスによる損失を増大させる。このため判断基準は実用的な見地から,空気比を大きくしすぎないことを省エネの重点として指摘している。

つぎに燃料の燃焼の計測・記録分野には,適切な燃焼管理を実施するために計測・記録マニュアルに盛り込むべき候補項目が挙げられている。この中に燃料流量,排ガス温度などと並び,排ガス中の残存酸素量が挙げられていることが特徴的である。空気比が大きいと燃焼に使われなかった酸素が排ガスに残る。空気比はつぎの近似式で概算することができる。

$$[空気比] = 21 \div (21 - [排ガスの酸素濃度〔\%〕])$$

空気比自体を計測することは面倒だが,酸素濃度がわかれば空気を把握できる。

このように管理分野のヒントと計測・記録分野のヒントとが対応している場合も多く,一連の省エネ活動として両方を関連づけながらマニュアル化していくことが想定されている。これは保守・点検分野のヒントにも共通している。

計測・記録分野,保守・点検分野のヒントには,定期的に行うべきであると記載されているものが多いが,具体的な頻度は示されていない。例えば1日1回とするか,あるいは毎年1回とするかは事業者の自主判断に委ねられている。つまりマニュアルで主張されているのは,頻度を定め,設定したマニュアルを遵守して計測・記録あるいは保守・点検を行うべきだということまでである。

管理分野についても,大半の管理値は事業者が自主判断することになっている。ただし,空気比などのいくつかの例外項目がある。安定燃焼が可能な空気

比の範囲は設備の種類，規模，燃料などによって異なるので，事業者の自主判断が基本である。しかし，ボイラ，加熱炉などの汎用的な燃焼機器については，多くの実績データなどに基づいてまとめられた上限値が示され，判断基準が提供する一つのノウハウとしても機能している。

判断基準の記載は一続きの文章となっていてややわかりにくいが，各項目には原則として三つの要素が示されていることに着目すると理解しやすい。第1は適用対象設備，第2は省エネマニュアルを設定すべき事項，第3は項目の選定理由等の説明の3要素である。

例えば加熱・冷却・伝熱の管理分野は10項目のヒントで構成されているが，1番目の項目の原文は，『蒸気等の熱媒体を用いる加熱設備，冷却設備，乾燥設備，熱交換器等については，加熱及び冷却並びに伝熱（以下「加熱等」という。）に必要とされる熱媒体の温度，圧力及び量並びに供給される熱媒体の温度，圧力及び量について管理標準を設定し，熱媒体による熱量の過剰な供給をなくすこと。』という文章になっている。

省エネマニュアルは設備に対し設定していくというのが日本型省エネ手法の基本的立場である。したがって，第1要素として対象設備が何かを正しく読み取る必要がある。この例では「蒸気等の熱媒を用いる設備」という点がポイントである。省エネの現場などを訪問すると，この点が見落とされ，直接加熱方式の乾燥設備などに本ヒントを適用している例を見かける。必ずしもマニュアルの内容自体に問題があるわけではないが。判断基準の主旨が十分に理解され活かされていない残念な例である。

第2要素の設定事項は，「〜について管理標準を設定し」などと表現されている事項である。これも省エネ現場を訪問すると，判断基準の文面をそのまま引き写し「必要とされる熱媒体の温度，圧力及び量並びに供給される熱媒体の温度，圧力及び量を設定する」と書かれた管理標準を見かけるが，これではマニュアルとして機能しない。例えば「A設備のB系統蒸気の入口圧力を$X_1 \sim X_2$ MPaに，出口ドレン温度を$Y_1 \sim Y_2$℃に管理する」のように具体的に設定することが期待されている。

第3要素の選定理由の説明からは，どのようにエネルギーフローをとらえているかを読み取れることが多い。この例では，蒸気等の熱媒を用いる設備の入力エネルギーは熱媒の熱エネルギーであることが想定されており，この入力が所要の便益（加熱，冷却，乾燥など）に対し過剰とならないように熱媒の温度，圧力，流量などを管理すべきだと説明されていることになる。この主旨と無関係に各部の温度，圧力などを管理しても，判断基準のヒントを活用したとは言い難い。

判断基準に記載された省エネのヒントは日本型省エネ手法の縮図である。読み取りにくいかもしれないが，理解できれば当たり前のことばかりである。しかし，当たり前でありながら気がつきにくいのが省エネである。エネルギー資源小国の生き残りの知恵として，石油危機以前から民間に蓄積されてきた省エネノウハウ集である。本書のエネルギーフローアプローチによる省エネも，この判断基準を出発点に考えていく。

3 変化する省エネとエネルギーマネジメント

3.1 省エネを取り巻く諸情勢の変化

3.1.1 エネルギー消費構造の変化

　省エネ法を中核とした日本型省エネ手法は大きな成果を挙げてきたが，エネルギー消費構造の変化により見直しが必要になってきている．図3.1に示すように，石油危機当時と比べGDPは2.4倍になり，GDPを分母とした二次エネルギーの原単位は約半分まで低下した[1]．だが，これはおもに産業部門のエネルギー消費量の減少によるものだった．産業部門は，石油危機当時は二次エネルギー消費の2/3を占めたが，いまや50%を下回り，民生部門，運輸部門

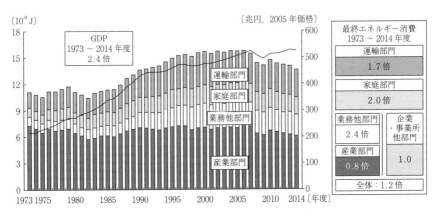

図3.1　わが国のエネルギー消費構造の変化

とほぼ1/3ずつを分け合う形に近づきつつある。

　日本型省エネ手法を牽引してきた産業部門は，その比重が低下するとともに内容も変化してきた。かつて日本経済を支えた重化学工業やエネルギー集約型産業は主役の座を降り，生産拠点の海外シフトも進んだ。代わって種々のハイテク産業がつぎつぎと登場し，産業構造が多様化した。

　脱工業化が進み，経済構造がサービス産業にシフトしてきた。製造ラインをもたないサービス産業の事業所等の業務部門は，従来は家庭部門とともに民生部門と位置づけられてきたが，現在は産業部門とともに工場等として日本経済の中心の一つとして位置づけられている。産業部門のエネルギー消費は0.8倍に低下したが，業務部門が2.4倍に増加し，両者を合わせると1.0倍と，1973年当時のレベルに戻っている。

　経済構造とともにエネルギー消費構造も変化してきた。大規模設備にエネルギー消費を集中し大量生産する構造は縮小し，小規模分散型となった。このためエネルギーフローが複雑化し，入力エネルギーと出力便益の対応が把握しにくくなってきた。社会構造が高度化してサービス費用や間接費用のウェイトが増したため，エネルギーコストの影響が見えにくくなってきた。

　しかし，エネルギー自給率がわずか6％のエネルギー資源小国の日本にとり，エネルギーフローの改善はいまも不可欠である。サービス費用も間接費用も何らかのシステムでエネルギーが消費された結果として出力された便益の費用であり，エネルギーコストに多かれ少なかれリンクする。わが国の経済においてエネルギーコストが重要であること自体は変わらない。

　エネルギー情勢の変動によりエネルギーコストは何度も乱高下した。東日本大震災に伴う原発停止による緊急節電は記憶に新しい。輸入エネルギー価格が高騰し国富の流出が深刻に懸念された時期もあった。エネルギー価格の低下で省エネが忘れられた時期もあったが，長続きしなかった。近年もシェールオイル，シェールガス開発の進展などに伴いエネルギー価格が急落し逆オイルショックとさえ呼ばれたが，すでに沈静化している。できるだけ小さなエネルギー入力で所要の便益を確保する努力はわが国にとって避けて通れない現実で

あり，日本型省エネ手法による原単位の低減はいまなお必要不可欠なものである。

3.1.2 技術進歩と省エネ

　種々の先進技術が登場し社会構造が高度化してきた。そして情報化社会に突入し，エネルギーの使われ方はさらに複雑化，多様化した。この結果便利な社会になったが，エネルギーがどこでどのように使われているかわかりにくくなった。複雑なエネルギーデータを計測し，記録し，管理していくことは難しくなってきた。

　だが一方で，種々のエネルギーデータが自動的にコンピュータに集積され，データ処理されて，人間が判断しやすい形で表示されるようになってきた。代表的なものがBEMS（Building Energy Management System）である。工場に比べオフィスビルや商業ビルなどはエネルギー管理にあまり多くの人手をかけられないのが実情だ。しかし工場と比べエネルギー用途の種類が限られるため，空調，照明などのエネルギーデータを集積，記録，表示するBEMSが比較的早くから発達し，人間のエネルギー管理を支援する有効なツールとなりつつある。

　これに続き，工場用，家庭用のエネルギーマネジメントシステムも登場してきた。クラウド技術の進展でメーカやサービス会社とデータを共有し，コンピュータの判断機能に加え，専門家によるリモートでの支援を得ることも可能になってきた。データの集積，処理にとどまらず，人間に代わってエネルギー使用状況の良否を判断し，自動的に省エネ運転を進めるものも登場してきた。

　何もしないでも何とかなる便利な時代になってきたようにも見える。しかし細部のエネルギー管理はコンピュータに任せるとしても，基本的なエネルギーフローは人間がしっかり把握しておくことが不可欠である。入力エネルギーに見合った出力便益が得られたかなどの最終的な価値判断は人間が行うことが欠かせない。

3.1.3 地球温暖化対策と省エネ

今日,CO_2削減が省エネの最大の焦点となってきた。エネルギー消費構造の変化から,コスト削減だけでは省エネが進みにくい場合も増えてきた。一方でCO_2削減が喫緊の課題と広く認識されるようになり,企業としての信用力や売り上げに直結するブランドイメージとしても位置づけられるようになり,省エネの主要なモチベーションとなってきた。

わが国はパリ協定の目標達成などのため,国ベースでも種々の施策検討が進められ,省エネもこの中で重要な役割を担っている。2015年7月に策定された長期エネルギー需給見通し[11]では,**図3.2**に示すように最終エネルギー消費を2030年までに約0.5億toe(5 030万kL)低減するという目標が設定されている。1970〜90年当時と同等レベルの省エネを推進することで,GDPを分母とする二次エネルギー原単位を2012〜30年に35%低減するという省エネ推進計画となっている。

地球温暖化問題は世界人類の共通課題である。このため省エネも国単位のエネルギー供給不安解消などの課題から,全世界の国々が協力して取り組むグ

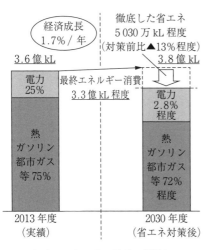
(a) エネルギー需要の見通し

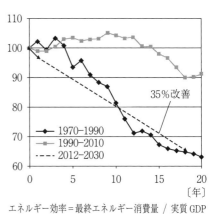
(b) エネルギー効率の改善

図3.2 わが国が目指す2030年に向けた徹底した省エネ

ローバルな課題へと位置づけが変わってきた。原単位の低減を中心とした日本型省エネ手法に対しては，特に国際的な議論の場では，原単位を低減しても便益が増大すればエネルギー消費量が増えてCO_2削減とはならないという議論がしばしば登場する。

世界には豊富なエネルギー資源を有する国々も多い。少なくともエネルギー自給率の数字を見れば，大半の国々は日本よりはるかに高い。そのような国々では，原単位の低減がエネルギー消費量増加につながる危機感が日本よりも強く直感されるだろう。エネルギー供給源に限界のある島国の日本の常識で，原単位の低減を通じてエネルギー消費の削減を図ると主張しても通用しないのかもしれない。

原単位さえ低減すれば，出力便益を減らさないでも省エネは達成可能というのも先進国の理屈かもしれない。国民一人当りのGDPがいまだ小さい発展途上国にとっては，出力便益を現状のままとすることさえ大きな我慢を強いられることになるだろう。だが，エネルギーフローの改善による原単位の低減という日本型省エネ手法自体は，基本的に間違ってはいない。グローバルな視点で今一度見直し，世界に受け入れられる省エネモデルを再構築し，省エネ先進国としての実績を踏まえた知恵と工夫で世界に貢献すべきであろう。

3.1.4 グローバル化する省エネ

地球温暖化問題に限らず，国際的なエネルギー情勢はますます複雑化している。エネルギー生産国と消費国，発展途上国と先進国との関係などをはじめ種々の構造変化が生じ，絶え間ない国際紛争もエネルギー情勢を大きく揺るがし続けている。また，国によって具体的な状況は異なるが，世界各国ともエネルギー消費構造が変化し，情報技術の進展などの影響も大きく受けている。

2007年に米国とブラジルの共同提案によりエネルギーマネジメントに関する国際規格の開発が始まり，2011年にISO 50001が発行された[12,13]。同じエネルギーマネジメントという用語が使われるが，前述のBEMSなどとは異なる。ここでは図3.3のように用語を整理し，この二つを総称してエネマネという

3. 変化する省エネとエネルギーマネジメント

```
エネルギーマネジメントシステム（エネマネ）…… エネルギーフローの情報を処理してエネルギーフローを
                                        制御し省エネを進めるプロセス
  ├─ 情報制御系エネマネ …… おもに設備をシステムとするエネルギーフローに関し，
  │                        人を代替したり支援したりするエネマネ
  └─ 経営管理系エネマネ …… おもに組織をシステムとするエネルギーフローに関し，
                            構成員の行動等を調整するエネマネ
```

図3.3 用語の定義：エネルギーマネジメント（エネマネ）

略語を用いることにする。

情報制御系エネマネと経営管理系エネマネとでは内容が大きく異なるが，共通部分もある。どちらも省エネを取り巻く近年の諸情勢の変化を受けて登場してきたものであり，後述のように日本型省エネ手法を補完するものとして期待される。

ISO 50001 は，マネジメントシステムに関する認証規格であり，よく知られている品質管理に関する ISO 9001 や環境管理に関する ISO 14001 と類似している。わが国も省エネ先進国として，当初から規格の開発に参加した。**表3.1** に ISO 50001 の開発経過を示す。ISO 9001，ISO 14001 と同様のファミリー規格がつぎつぎと開発され，現在も継続している。**表3.2** に発行済のおもなファミリー規格を示す。ここでは，これらファミリー規格を総称して EnMS（Energy Management System）と呼ぶことにする。

EnMS は，従来の日本型省エネ手法とはかなり異なる視点から，省エネについて合理的で明確な整理が行われている。直接的には経営管理手法などを対象

表3.1 ISO 50001 の開発経過

年	2007	2008	2009	2010	2011	2012	2013	2014	2015	2016	2017	2018
ISO 50001 エネルギーマネジメント国際規格	◎ NWIP	◎ WD	◎ CD/DIS	◎ FDIS	◎●JIS IS						改訂 NWIP	◎ CD
PC242 エネルギーマネジメントプロジェクト委員会	←――――――→			米国・ブラジルの共同提案により ISO 50001 規格を単独開発するプロジェクト委員会（PC）が設置された								
TC242 エネルギーマネジメント技術委員会				←――――――――― ISO 50001 シリーズのファミリー規格を開発する技術委員会（TC）に改組 ―――――――→								
TC257 省エネルギーの評価技術委員会	←―――――― 中国・フランス共同提案により省エネ関連ファミリー規格を開発する技術委員会（TC）が設置された ―――――――→											
TC301 エネルギーマネジメント及び省エネ技術委員会										TC242 と TC257 が統合され TC301 が発足 ←―――――→		

注） NWIP (New Working Item Proposal) → WD (Working Draft) → CD (Committee Draft) → DIS (Draft International Standard)
→ FDIS (Final Draft International Standard) → IS (International Standard) は ISO 規格の開発，審議から発行までの手順

3.1 省エネを取り巻く諸情勢の変化　33

表3.2　ISO 50001シリーズファミリー規格

ISO TC 301　エネルギーマネジメント・省エネ技術委員会		
旧ISO TC242　エネルギーマネジメント技術委員会		
	ISO 50001	EnMS（要求事項）
	ISO 50004	EnMSの実施, 維持と改善の指針
	ISO 50003	EnMS審査と審査員の力量
	ISO 50006	EnBとEnPIsを用いたエネルギーパフォーマンスの計測の一般原則と指針
	ISO 50002	エネルギー診断（要求事項）
旧ISO TC242/TC257の合同技術委員会		
	ISO 50015	組織のエネルギーパフォーマンスのM&V
	ISO 50047	組織の省エネ方法
旧ISO TC257　省エネルギーの評価技術委員会		
	ISO 17743	省エネルギーの計算および報告に適用可能な方法論的枠組みの定義
	ISO 17742	国, 地域と都市のためのエネルギー効率および省エネルギーの計算方法
	ISO 17741	省エネプロジェクトの測定, 計算および検証のための一般的技術ルールの標準化

EnMS：Energy Management System　エネルギーマネジメントシステム
EnB：Energy Baseline　エネルギーベースライン
EnPI：Energy Performance Indicator　エネルギーパフォーマンス指標
M&V：Measurement and Verification　測定と検証

にしているが, エネルギーフローが複雑化してきた今日, 日本型省エネ手法を進展させるために役立つ種々の考え方も包含されている。

　省エネ法の判断基準もISO 50001の活用を推奨している。しかし残念ながら現状はいまだ認証取得企業は少なく, 十分に普及しているとはいえない。これは形式的には省エネ法とよく整合しており, 少なくとも表面的には省エネ法との差異がわかりにくく, 認証取得のメリットが直感的に認識されにくいことにあるようだ。日本型省エネ手法との本質的な違いを理解することが有効な活用につながっていくのではないかと考えられる。

3.2 エネルギーフローのとらえ方の変化

3.2.1 エネマネとエネルギーフロー

エネルギーフローを改善していくためには，情報の流れを改善することも大切である。BEMS などの情報制御系エネマネと EnMS などの経営管理系エネマネとでは，その内容も性格も大きく異なるが，情報の流れを扱うという点では共通している。エネルギーの流れを人体にたとえると，図 3.4 に示すように人が食事をとり，これを消化して栄養やエネルギーを摂取し，体力を養い，筋肉を活動させて種々の行動を行う一連の流れに対応させることができる。これに対し情報の流れは，人が頭脳を働かせて，神経を通じて指令を送り，この指令を筋肉が受け取り種々の行動を行うという流れに対応させることができる。

図 3.4 人体にたとえたエネルギーの流れと情報の流れ

情報制御系エネマネはいうまでもなく情報技術そのものである。人間に代わりエネルギー情報を収集管理し，機器や設備を制御してエネルギーの流れを改善する。一方，経営管理系エネマネは，人から人への情報伝達方法を管理し，円滑で効率的な情報の流れを確保することによって，人々や組織のエネルギー消費を改善するというように考えることもできる。

エネルギー消費構造が複雑化してきた現在，このような情報の流れの重要性が高まってきた。今後の省エネの進展には，情報の流れの円滑化によりエネルギーフローを改善していくことも不可欠である。

3.2.2 エネルギーフローを下流からとらえる

エネルギーフローの基本モデルは，上流側にエネルギー E があり，これが

システム S に入力され，下流側から便益 B が出力されるという流れを想定している．しかし一方で，下流側から必要な便益 B という情報がシステム S に入力され，この結果としてエネルギー E の所要量という情報が出力されるというとらえ方もできる．

情報の流れを改善するエネマネでは，このようにエネルギーフローを下流からとらえるほうが自然だといえる．そもそも，われわれがエネルギーを消費するのは何らかの便益を得るためである．したがって，便益につながらない無駄なエネルギー消費を削減することこそ省エネといえる．最初に便益に着目しエネルギーフローを下流から確認していくことは一つの優れた考え方といえ，エネルギーフローから省エネを考える場合にも役に立つ．

3.2.3 システムを多変数関数モデルでとらえる

エネルギーフローを改善するためには，システムの諸条件を工夫して適切に設定することが必要である．例えば一定量の製品を生産する場合でも，短時間にまとめて生産するか，少量ずつ長い間をかけて生産するかによってエネルギー使用量が変わってくる．前述のように，省エネ法のトップランナー制度ではプリンタの原単位の分母に相当する出力便益として印刷枚数を用いるが，目標値を印刷速度で区分している．これはエネルギー消費量が印刷枚数と印刷速度の2変数関数になるととらえていることになる．

エネルギー消費構造の複雑化，技術進歩などにより，省エネに影響する諸条件はますます増えてくる．これをエネルギーフローでとらえると，**図3.5**の

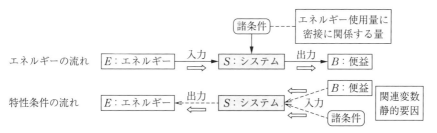

図3.5 複雑化したエネルギー消費構造のエネルギーフローのとらえ方

上段に示すようになる。同じ入力エネルギー E でもシステム S の諸条件によって出力便益が大きく左右される。しかしこれを情報の流れでとらえると同図下段に示すようになり，便益 B もこれら諸条件もエネルギー E の所要量を決定するためのシステム S の入力条件としては同列となる。

この結果，システム S は便益 B および種々の条件を変数とする多変数関数モデルとしてとらえる考え方が登場してきている。情報技術の進展によって複雑な関数モデルの取扱いも可能となりつつあるので，情報処理して制御することを主体に考えた場合には，便益 B とその他諸条件を区別すること自体にあまり大きな意味はなくなってきた。技術的に可能な範囲であれば，複雑な関数モデルを活用してデータ処理するというのも一つの考え方である。

しかしシステムを多変数関数として扱う考え方が増えてくるに伴い，出力便益を中心とした日本型省エネ手法における原単位の位置づけが，EnMS に関する国際的な議論の中に埋没しないように注意することも必要である。EnMS では，例えば工場の生産量や気温などの日常的に変化する諸条件を関連変数，店舗や工場の数などの通常は不変と見なせる諸条件を静的要因と区分している。エネルギー E の消費量はこれらの多変数関数とする考え方が主流であり，便益 B だけの単変数関数として扱うことは不十分だという指摘もある。

3.2.4　原単位の重要性がむしろ増大

複雑化してきたシステムを多変数関数として扱うことも一つの合理的な考え方ではある。しかしあまり複雑な多変数関数は取扱いが面倒であり，見通しがききにくい。個別のエネルギー消費について，それぞれ何を目的としているか，できるだけ便益を明確に認識していくことも重要ではないかと考えられる。

また近年では，多くの省エネ努力にもかかわらず，市況の低迷などにより生産量が減少したことなどによって原単位が悪化したという例も多い。目的とする具体的な便益が十分把握されないまま固定的に消費され続けているエネルギーが存在することなどが原因している。

エネルギー消費構造がますます複雑化する一方，地球温暖化問題の深刻化などによってエネルギー E の消費量そのものを低減することの重要性は増している。省エネの目的をエネルギー E の消費量そのものの低減に特化するならば，システムを多変数関数として取り扱う手法も優れている。

しかし，日本型省エネ手法とはやや視点が異なっている。便益 B を他の諸条件と同列に扱うことは，エネルギー消費の目的をわかりにくくする恐れがある。何のためにエネルギーを使っているのか，エネルギーフローをしっかり見極めることは，やはり重要である。

種々の条件を考慮することは有用である。しかし便益は他の諸条件とは位置づけが異なる。エネルギーフローが複雑化してきた今日，必要な便益 B をできるだけ少ないエネルギー E で確保するという原単位低減の視点の重要性はむしろ増大しているともいえる。

3.2.5 マクロにとらえるエネルギーフロー

エネルギーマネジメントを直訳すればエネルギー管理となる。日本の省エネ法もエネルギー管理を重視しているが，近年のエネマネとはやや異なる。省エネ法のエネルギー管理，情報系エネマネ，ISO 50001 のエネマネの比較を図 3.6 に整理した。

日本型省エネ手法は主として設備を対象としてきた。判断基準は設備の運用改善が主眼であり，管理標準は設備単位に整備することが前提だった。設備を

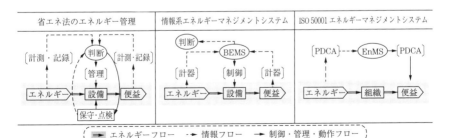

図 3.6 省エネ法のエネルギー管理とエネマネの比較

対象とするという点は，情報制御系エネマネにも共通している。例えばBEMSはビルの空調システムなどの入力エネルギーと出力便益を計測監視し，見える化して人間に判断材料を提供し，設備を自動制御して省エネを図るものである。

これに対してISO 50001などのEnMSの対象システムは基本的には組織である。日本型省エネ手法と比べると設備のエネルギーフローについてはあまり深く立ち入らず，組織全体をマクロにとらえ，マネジメントを通じて省エネを図る体系となっている。

今日，社会経済構造の高度化や技術進歩に伴い，相対的に小規模の設備が相互に影響し合う複雑なエネルギーフローとなってきている。わが国の省エネ法はできるだけきめ細かい設備単位のエネルギー管理を求めているが，なかなか対応が難しくなってきている。これまで設備単位のきめ細かいエネルギー管理の実績に乏しかった国々では，設備単位でミクロにエネルギーフローをとらえることはなおさら難しいと考えられる。

EnMSは，このような状況を踏まえた一つの合理的な発想と考えることもできる。上述のようにシステムを多変数関数でとらえる考え方も，マクロ視点のシステム把握と関連している。ミクロ視点の省エネだけでは限界も出てきており，マクロ視点の合理的な省エネ手法も必要になっていることは間違いない。しかしわが国が培ってきたきめ細かい視点の省エネ手法も維持しなければならない。マクロ視点とミクロ視点の両方を組み合わせることが必要だろう。

3.3 ISO 50001 エネルギーマネジメントシステムの概要と特徴

3.3.1 マネジメントシステム

国際的なマネジメントシステム規格としてはISO 9001シリーズによる品質マネジメントQMS（Quality Management System），ISO 14001シリーズによる環境マネジメントEMS（Environmental Management System）が知られている。ISO 50001シリーズは先行したEMSとの識別のため，前述のようにEnMS

3.3 ISO 50001 エネルギーマネジメントシステムの概要と特徴

と略称される。

これらのマネジメントシステム規格では，プロセスにマネジメントを入力することによりパフォーマンスが出力されるというフローを考えることができる。プロセスとは一定の手順のことである。例えば企業などの組織全体をプロセスととらえれば，図 3.7 に示すように QMS，EMS，EnMS の導入によって企業全体としての品質，環境，エネルギーに関するパフォーマンスが向上するというフローを考えることができる。

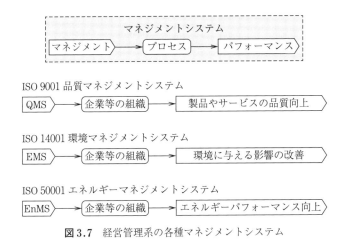

図 3.7　経営管理系の各種マネジメントシステム

組織の種々の活動のそれぞれをプロセスと考えれば同様のフローを考えることができる。例えば責任者を明確に定めて責任範囲を明らかにするというマネジメントを各プロセスに入力すれば，個々の責任者が十分に能力を発揮して成果が上がるという出力パフォーマンスが想起される。また，活動結果などを文書化するというようなマネジメントを導入することも，対象プロセスのパフォーマンス向上につながると考えることができる。

パフォーマンスとは，このように各種マネジメントシステムに共通する一般的な概念と考えることができる。しかし他のマネジメント規格のパフォーマンスに比べると，EnMS のエネルギーパフォーマンスの概念はかなり具体的で明確なことが大きな特徴といわれることが多い。これは省エネというマネジメン

ト対象の特性によるところも大きい。

EnMSではエネルギーパフォーマンスの向上が最重要事項として扱われ，その位置づけは日本型省エネ手法における原単位の低減と似ている。規格開発の過程で日本の省エネの実績にも相応の敬意が払われ，少なくとも形式的には省エネ法をはじめとする日本型省エネ手法との整合化が最大限に図られている。ただし日本型省エネ手法に類似するように見えても，じつはかなり性格が異なっていて，両者を無理に対応させることが難しい場合もある。

EnMSは直接の改善対象がマネジメントフローであり，エネルギーフローではない。しかしエネルギーフローを，マネジメントの流れを通して間接的な視点で見ることも有意義である。エネルギー消費構造が複雑化してきた今日，エネルギーフローからのアプローチを考える上で種々のヒントが得られる。本節では，このような観点からEnMSのいくつかの特徴について述べる。

なお，ISO 50001も他のマネジメント規格と同様に認証規格であることに留意する必要がある。ここで述べる解釈は一つの参考であり，認証取得に際しては規格の原文，専門書，認証機関の見解などを確認してほしい[14]。

3.3.2 エネルギー方針とマネジメントレビュー

EnMSのマネジメントフローは，その出発点となるプロセスを組織のトップによる方針設定に置いている。その出力は体制構築，人材育成，財源確保などに関するプロセスにつぎつぎと連鎖する。すなわち図3.8に示すようなトップダウン型のマネジメントが想定されている。マネジメントフローの最終出力は組織としてのエネルギーパフォーマンスであり，これをトップマネジメントにフィードバックするマネジメントレビューが一つの重要プロセスとなっている。

トップダウン型マネジメントに期待される典型的な成果の一つとして，省エネ設備投資の促進が挙げられる。設備投資には財源の確保が必要であり，経営管理視点から中長期的な省エネ計画を策定していくことが効果的であるとされる。

3.3 ISO 50001 エネルギーマネジメントシステムの概要と特徴

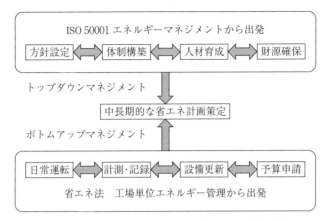

図 3.8 省エネ法とエネマネ規格の省エネの出発点の対比

これに対し日本型省エネ手法は，工場単位，設備単位のきめ細かいエネルギー管理が出発点となっている。日常の運転や計測記録を通じて運用改善を積み重ね，設備更新の計画，予算申請などの準備を進めていくというボトムアップ型のマネジメントが想定されている。そして中長期的に年率1%の原単位低減を図ることを一つの目標に置いて，省エネ設備投資計画の策定につなげるという考え方となっている。

しかし，設備投資を伴う省エネはボトムアップ型だけでは停滞しがちである。省エネ法も2008年改正で特定事業者制度を導入して企業トップの責任の明確化が図られた。2018年改正の省エネ法判断基準では，EnMS 導入をより強く推奨すると同時に，事業者向けの判断基準には EnMS の考え方も数多く取り入れられている[7]。

トップマネジメントのリーダシップは非常に重要である。しかしこれを個別の機器の具体的な運用改善に結びつけることは，そう簡単ではない。省エネ法は指定工場制度も温存しており，工場等ごとの省エネ推進活動も尊重している。これを EnMS のマネジメントレビューなどを通じ，しっかりとトップマネジメントにフィードバックすることが重要といえる。日本型省エネ手法と EnMS を相補的に活用していくために，エネルギーフローアプローチが接着剤

としての役割を果たすことが期待される。

3.3.3 エネルギーパフォーマンス指標

エネルギーパフォーマンスは「エネルギー効率，エネルギーの使用（Energy Use）およびエネルギーの使用量に関する測定可能な結果」と定義されている。また，QMS や EMS にはない EnMS のパフォーマンスの大きな特徴として，EnPI（Energy Performance Indicator）と呼ばれる評価指標が導入されていることが挙げられている。EnPI は「組織によって定められたエネルギーパフォーマンスの定量的な値又は尺度」とされていて，注記には「EnPI は単純な数値，比，またはより複雑なモデルとして表すことが出来る」と記されている。

国際的には，最初の「単純な数値」を適用して，エネルギー消費量そのものを EnPI とすることが主流である。しかし2番目の「比」を適用して原単位を EnPI とすることは国際的にも合意されており，日本型省エネ手法との整合も図られている。

このため既存の省エネ手法をあまり大きく変更せずに EnMS を導入することも形式的には十分可能である。しかし EnPI は，基本的にはトップダウン型マネジメントによる組織のパフォーマンス改善に関する評価指標である。EnMS の導入に際しては，この点に注目したほうがより効果的ではないかと考える。

またエネルギーパフォーマンスの改善は，Energy Use，つまりエネルギーの使い方の改善という考え方が基本にあり，これを測定可能な結果として評価するために，EnPI の中に「複雑なモデル」という項目が挙げられていると考えることができる。

組織はマネジメントが変化すればエネルギーの使い方が変化し，これに伴い組織のエネルギー消費特性が変化する。この特性変化を，種々の条件変動に対応してエネルギー消費量が変動する組織全体のモデルが変化するというようにマクロにとらえることもできる。これは組織内部をきめ細かく精査し，エネルギーフローの変化を把握するというミクロ視点のとらえ方とは対照的であり，

また相補的な考え方であるということができる。

複雑なモデルは種々の条件を変数とする多変数関数としてとらえることもできる。しかし，例えば特定の1年間というように期間を定めて，この間に消費されたエネルギー消費量の合計として把握することもできる。EnPI としてエネルギー消費量を適用する場合，これを単純に実績データとして認識してもよいだろうが，組織のエネルギー使用に関するモデルの改善度を測定可能な結果として把握するための一つの方法という考え方もできる。

3.3.4 エネルギーベースラインと正規化

EnMS の重要な概念の一つに，パフォーマンスの改善を評価する物指しの原点とするエネルギーベースライン EnB（Energy Baseline）がある。例えば EnPI として1か年の評価期間のエネルギー消費量を用いる場合には，特定の過去の1か年を基準期間とし，基準期間のエネルギー消費量を EnB とする。そして EnB から EnPI を差し引いたものが省エネ量ということになる。

上述のように EnMS の基本的な考え方は，単にエネルギー消費量を削減するというよりは，マネジメントの改善により組織の Energy Use を改善することにあり，この結果エネルギー使用に関する組織のモデルが改善されることに主眼が置かれている。エネルギー消費量の数値そのものは，諸条件の変動によって偶発的に増減することがあるため，その変動量だけで EnMS 導入の効果を単純に評価すべきでないとする考え方がある。

このため，比較評価に際しては基準期間と評価期間の諸条件を整合させるべきであるという考え方が強い。この整合のための操作は正規化（Normalization）と呼ばれる。具体的には基準期間の EnPI をそのまま EnB とするのではなく，基準期間のモデルに評価期間の諸条件を当てはめたものを正規化された EnB（ここでは EnB_N ということにする）とし，これを基準に評価期間の EnPI を対比してパフォーマンスの改善を評価することになる。

例えば EnPI としてエネルギー消費量を用いる場合には，EnB から EnPI を単純に差し引いた値は見掛の省エネ量にすぎず，EnB_N から EnPI を差し引い

た値が本来の省エネ量であるというような考え方がとられる。

3.3.5 日本型省エネ手法との整合

上述のようにEnPIとして原単位を用いることも国際的に合意されており，省エネ法とEnMSとの整合性は確保されている。しかしEnPIに原単位を適用した場合の正規化については，これまでのところ具体的には決まっていない。

原単位は正規化の機能もあると考えることもできる。原単位の増減を評価するということは，基準期間と評価期間とで原単位の分母となる出力便益が同じであった場合のエネルギー消費量の増減を評価していることになる。しかしこれは，エネルギー消費量は出力便益量に単純比例するというように組織をモデル化して評価しているともいえる。組織のEnergy Useをこのように単純にモデル化することについては欧米諸国などから反対意見も多い。

実際，わが国のエネルギー管理においても，固定エネルギーの影響により省エネ努力が原単位低減に反映できないなどの問題も生じている。理想的には，組織のエネルギーフローをできる限りきめ細かく分析して，固定エネルギーの存在などの問題を抽出して解決していくことが望ましい。しかし組織のエネルギー消費構造が複雑化，多様化し，きめ細かい分析が難しくなってきた今日では，組織をある程度マクロにモデル化し，正規化して評価することも一つの方法といえる。

EnMSでは，EnBは評価の基準点であり，軽々に変更（Adjustment）すべきではないという考え方がある。変更と正規化の違いについては慎重な取扱いが求められる。安易に条件修正を認めると，仮にエネルギー消費が一方的に増大し続けても，何らかの条件変動によるものという言い訳がつねに成立してしまうという恐れもある。

わが国の省エネ法では年率平均1％の原単位低減という努力目標が設定されており，その基準として直近5か年の原単位の幾何平均をとることになっている。これはEnBを毎年変更することになり当初は反対意見もあったが，国際的な交渉を経て，省エネ法のようにあらかじめ定められた方法に基づくEnB

の変更は例外とすることで合意されている。

省エネ法に基づき省エネを推進しているわが国の企業にとり，EnMSの導入のハードルは比較的低い。EnMSには従来の日本型省エネ手法とは異なる新しい視点も多く含まれている。まずは導入してみるのも一つの方法である。その上で新たな省エネにチャレンジしていけば，相補的な効果によってさらなる省エネへ進展していくことが期待される。

ISO 50001によるEnMSと必ずしも一致するわけではないが，エネルギーフローアプローチによる省エネ対策の効果を，エネルギー消費量を正規化して具体的に評価する例を，6章の最後にまとめたので参考にしていただきたい。

4 エネルギーフローの現状把握

4.1 把握すべきエネルギーフローとは

4.1.1 エネルギーネットワークとエネルギーチェーン

われわれの身の回りにはエネルギーを使う多数の機器があふれている。われわれは種々の便益を得るために，つねにエネルギーを消費している。エネルギーはわれわれの身の回りを飛び交っている。どこから省エネに手をつけるにしても，まずエネルギーの流れを把握しなければならない。どこで，どのようなエネルギーがどれだけ使われているか，まずエネルギーの現状把握が必要である。

エネルギーは地球上を駆け巡っている。図 4.1 に模式的に示すが，その流

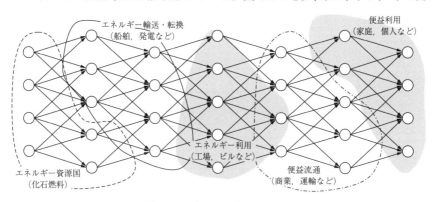

図 4.1　エネルギーネットワーク

4.1 把握すべきエネルギーフローとは

れは網の目のようである。しかし複雑なネットワークも1本の鎖のように直線状にしてしまえば見通しがききやすくなる。これをチェーン化と呼ぶことにする。

例えばWell to Wheelという分析手法がある。井戸元から車輪までという意味だ。原油が油田の井戸元から汲み上げられ，タンカーで運ばれ，精製されてガソリンになり，自動車に給油され，エンジンで消費され，最終的に車輪の回転エネルギーになるまでのエネルギーの流れをチェーン化して分析するものである。

エネルギーフローの基本ユニットは，システムと入力と出力の3要素で構成される。図4.2に示すように，このような基本ユニットが直列に多数つながったものがエネルギーチェーンである。省エネを検討しようとする対象システムへの入力は，海外の化石燃料がエネルギーチェーンを渡って日本に輸入され，熱や電気や精製燃料などのエネルギーに変換されたものであることが普通である。

図4.2 エネルギーチェーン

このような入力エネルギーの流れはエネルギーサプライチェーンなどと呼ばれる。図4.3にエネルギーフローに関する用語を整理した。入力エネルギー

- エネルギーフロー …… エネルギーがシステムに入力され，システムから便益が出力される流れ
  - エネルギーバランスフロー …… システムからの出力として損失を加え，入力と出力をバランスさせたエネルギーフロー
  - エネルギーネットワーク ……… 多数のシステムが，それぞれの入出力を介して連結したエネルギーフロー
    - エネルギーチェーン …… 多数のシステムが分岐や合流なしに直列したエネルギーネットワーク
      - エネルギーサプライチェーン …… 省エネの検討対象システムより上流のエネルギーチェーン
  - バリューフロー ……… 入力エネルギーや出力便益の価値に着目したエネルギーフロー。特に非エネルギー便益の流れ
    - バリューネットワーク ……… 多数のシステムが，それぞれの入出力を介して連結したバリューフロー
      - バリューチェーン ……………… 多数のシステムが分岐や合流なしに直列したバリューフロー

図4.3 用語の定義：エネルギーフロー

は検討対象システムで出力便益に転換される。出力便益もまたエネルギーの場合もあるが，エネルギーではない場合もある。どちらの場合でも，何らかの価値（バリュー）をもっている。チェーンはここでは終わらず，出力便益はつぎのシステムに引き渡されていく。

例えばある工場の製品は物流事業者に託されて輸送され，そこで追加工され，やがて消費者の手許に届き，有効に活用され，真の価値を発揮する。したがって，輸送や追加工のエネルギーを付加されることで価値を高めていくことになる。これをバリューチェーンと呼ぶことにする。エネルギーチェーンとバリューチェーンは連続した一つのチェーンと考えることができる。

システムへの入力は，上流ではエネルギーだが，通常は下流のどこかでは非エネルギーに変わり，それ以降は非エネルギーとなる。なお，ここではエネルギーとバリューをあまり厳密に区分することはしない。どちらも何らかの価値があると考えるので，場合によっては全体をバリューチェーンと呼ぶことにする。

4.1.2　システムとは

図 4.4 に示すように，省エネ検討対象のシステムは設備，行動，組織の三つに大別される。設備（機器を含む）はエネルギーを入力されて種々の便益を出力するシステムである。われわれは日常のあらゆる場面で便利な設備を利用しながらエネルギーを消費し，生活に必要な便益を得ている。このような行動もシステムである。組織は大勢の人々がさまざまな設備を活用しながらエネルギーを消費し，便益を産出しているシステムである。

設備，行動，組織の省エネは相互に関係する。例えば工場の設備は単に省エ

システム ……エネルギーを入力され便益を出力するエネルギーフローの基本要素
　├─ **設備** ……エネルギーを入力されると便益が出力される機器や設備などのハード
　├─ **行動** ……設備にエネルギーを入力して便益を出力させる個人の行動
　└─ **組織** ……情報交換や行動調整などを行いながら設備群にエネルギーを入力して便益を出力する個人の集合

図 4.4　用語の定義：システム

ネ性能が高いだけでなく工場の運用条件を反映した省エネ性能でなければならず，また効率的に運用されてこそ性能を発揮できる．個人の省エネも単に省エネ家電に買い替えるだけでなく，賢い利用も必要だ．また，人々の賢い選択により省エネ機器のマーケットが拡大すれば，メーカの省エネ機器技術向上を促進する好循環につながる．

高性能省エネ設備の開発や一人ひとりの省エネ行動も大切だが，組織が果たす役割は大きい．また組織の省エネでは，機器や行動の省エネにはない種々の要素を考えなければならない．ここでは，工場，事業所，企業のような組織の省エネを中心に，エネルギーフローの現状把握について考える．

各種システムの具体例を**表 4.1** にまとめた．このうち組織とは，典型的には事業所，工場，企業などの中規模のものを指す．特に EnMS のようにマネ

表 4.1 各種システムの具体例

システム区分		システム（例）	入力（例）	出力（例）	省エネ（例）
設　備		・家電製品 ・生産設備	・電力 ・燃料 ・動力 ・熱	・エネルギー ・製品 ・サービス	・エネルギー効率向上 ・運転特性改善
行　動		・食事，娯楽 ・通勤，旅行 ・業務，生産	・電力，燃料 ・物資 ・サービス	・生命，生活 ・満足，快適 ・行動，サービス	・意識，意欲 ・知識，理解 ・創意，工夫
組　織	小規模	・家族 ・学級 ・職場	・電力，燃料 ・物資 ・サービス	・幸福な生活 ・人材の育成 ・能率的な活動	・目的意識の共有 ・状況の共通認識 ・適切な役割分担
	中規模	・事業所 ・工場 ・企業 ・法人	・電力 ・燃料 ・冷温水 ・半製品	・製品，サービス ・売上，利益 ・構成員の満足 ・社会への貢献	・情報共有，見える化 ・構成員の連携，協力 ・機器設備の高効率運用 ・高効率設備機器へ更新
	大規模	・都市，地域 ・国家 ・人類，地球	・一次エネ ・二次エネ ・輸入エネ	・GDP，物資 ・快適な社会 ・人々の満足	・意識共有，キャンペーン ・補助，優遇などの奨励策 ・誘導，規制

ジメントフローの改善を通じて省エネを推進しようとする場合には，このような典型的な組織に限定されることが多い。ここではエネルギーフローを主眼に，より広義に組織をとらえ，マネジメントの有無に関してはフレキシブルに考える。

したがって組織には，家族や知人，友人などで構成される非常に小さなものから，都市，地域，国家のような大規模なものまで含む。究極的には，地球上の人類社会全体も一つの組織といえる。省エネは，一人でやってもなかなか効果が上がらない。大勢が連携してこそ大きな成果が得られる。このためには組織や社会の構成員が共通認識をもち，参加協力することが大切である。

4.1.3 エネルギーと便益

われわれがエネルギーを消費するのは，何かの便益を得るためである。便益を伴わないエネルギー消費なら止めてもよいといえる。どういう便益を得るために，どこで，どのようなエネルギーがどれだけ使われたのかという，獲得された便益量と消費したエネルギー量の関係を明らかにしていくことが，エネルギーフローの現状把握の目的である。

われわれが何気なく使っているエネルギーという用語には二面性がある。われわれは，しばしば「エネルギーを消費する」という表現をする。しかし一方でエネルギー保存の法則があることも知っている。エネルギーは不滅で，いくら使っても消費されない。保存されるエネルギーと，消費されるエネルギーとは別のものだ。

図 4.5 にエネルギーについて用語の整理をしておく。保存されるエネルギーとは熱力学などで定義される本質エネルギーであり，使用に伴いつぎつぎと形態を変えるが消滅することはない。これに対し消費されるエネルギーは見掛エネルギーであり，いわば本質エネルギーを宿した入れ物（エネルギー媒体）である。例えば燃料は化学エネルギーを宿した媒体である。燃料は燃焼すれば消えてなくなるが，本質エネルギーは消えない。例えばボイラで水を加熱すれば，発生した蒸気の中に熱エネルギーとして残っている。

4.1 把握すべきエネルギーフローとは

```
エネルギー …… エネルギーフローではシステムの入力と位置づけられる
 ├─ 本質エネルギー …… 熱力学などで定義される本質的なエネルギー。種々の形態があるが，基本的に目には
 │                     見えない（5章参照）
 │   ├─ 総エネルギー ……… エネルギー保存の法則が当てはまり，使用により形態が変化しても消費されるこ
 │   │                     とはない
 │   └─ 有効エネルギー …… エネルギー保存の法則が当てはまらず，本質エネルギーの質の低下に伴い減少し
 │                         消滅する
 └─ 見掛エネルギー …… 省エネの検討に際し主として取り扱うエネルギー。通常は目に見え，使用に伴い減少
                       するエネルギー
     ├─ 慣用エネルギー ……… 一般的にエネルギーとして取り扱われるもの，電気，熱，燃料，エネルギー媒体
     └─ 見なしエネルギー …… エネルギーフロー整理の便宜上，必要に応じてエネルギーと見なすもの
         ├─ 非エネルギー便益 …… 下流システムの入力となる上流システムの非エネルギー便益出力
         └─ バルクエネルギー …… 当該システムの便益出力などに寄与しない通過エネルギーも含めた入力
                                   エネルギー
```

図 4.5　用語の定義：エネルギー

　本質エネルギーは目に見えないエネルギーで直感的にはとらえにくい。このため，省エネは見掛エネルギーで論議されることが多い。本書でもエネルギーフローの現状把握の段階では，実用性の観点から見掛エネルギーを中心にエネルギーフローを考えていく。

　本質エネルギーは損失を検討するためには重要である。損失とは入力エネルギーのうちで便益にならなかった部分であり，省エネの検討上の重要項目である。だが本質エネルギーの内容や，損失を含めたエネルギーフローは少し複雑になるので，ここでは詳述を省き，5章で改めて述べることにする。

　見掛エネルギーとは，典型的には燃料，蒸気，熱風，温水，冷水，電気などである。このように広く一般的にエネルギーとして取り扱われている種々のエネルギー媒体を慣用エネルギーと呼ぶことにする。またエネルギーフローを整理する際には，出力便益などを慣用エネルギーの考え方に準じてエネルギーと見なしたほうが便利なことがあり，これを見なしエネルギーと呼ぶことにする。見なしエネルギーについては，以下の本文中で順次述べていく。

　便益は個々のシステムの出力だが，同時につぎのシステムの入力でもあり，エネルギーと便益をあまり厳密に区別できない場合もある。図 4.6 に便益について用語の整理をしておく。便益はエネルギーの場合と非エネルギーの場合があるが，この区分にも微妙なところがある。

4. エネルギーフローの現状把握

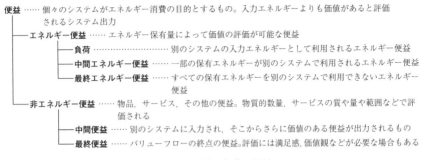

図4.6 用語の定義：便益

例えばボイラから出力される蒸気は，材料の加熱などに使われるのでエネルギー便益である。だが，例えばお茶を飲むためにやかんで沸かしたお湯や茶碗に注がれたお茶はその温度自体に価値があり，その熱エネルギーを回収することはできないので非エネルギー便益である。工場の加熱工程から出力された高温材料も次工程の加工成形などのために融解されたり軟化させられたりしたもので，熱エネルギーを回収することは難しく，非エネルギー便益である。しかし，たとえ一部でも熱回収を検討するならば，エネルギー便益として扱う場合もある。

システムからの出力便益にはいろいろなものがあるので，損失と区別のため何らかの基準で入力より価値があると評価できる出力が便益であると整理する。便益は，中間便益と最終便益に区分することができる。われわれがエネルギーを消費するのは，究極的には最終便益を獲得するためである。何を最終便益とするかは状況によっても異なり一概に定義できないが，バリューチェーンの最下流端には必ず何らかの最終便益があると考えることができる。

エネルギー便益は，通常はたとえ一部でも保有エネルギーがつぎのシステムの入力エネルギーになるので，基本的にはすべて中間エネルギー便益である。ただしエネルギー会社などの内部の省エネだけを検討する場合などでは，顧客や市場に供給する電力，燃料，熱などを最終エネルギー便益として扱うほうが便利なことがある。

4.2 エネルギーの定量的把握

4.2.1 把握するのは見掛エネルギー量

エネルギーフローの現状把握では，エネルギーの流れを知ることに加え，定量評価も必要である。エネルギーだけでなく便益についても定量評価が必要である。エネルギー便益も非エネルギー便益もエネルギーを消費した結果得られたものであり，便益を無駄にすると，その分だけエネルギーを無駄にしたのと同じことになる。したがって，便益もエネルギーとしての価値をもっていると考えて定量評価することを考える。

図 4.7 にエネルギー量の考え方を整理した。大別すると理論エネルギー量と見掛エネルギー量になる。理論エネルギー量はエネルギー媒体に宿されている本質エネルギーの量を定量評価して厳密に表示するものである。これに対しエネルギー媒体などの見掛エネルギーを簡易に定量評価するため，見掛エネルギー量という概念を設定する。理論エネルギー量は取扱いがやや面倒なため，エネルギーフローの現状把握では見掛エネルギー量を用いることにする。

見掛エネルギー量の中には，理論エネルギー量にほぼ等しいため一般的には理論エネルギー量と一体視されているものもあるが，厳密には異なるので，ここではあえて区別することにした。見掛エネルギーの共通の特徴は，損失発生

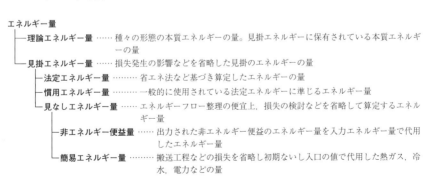

図 4.7 用語の定義：エネルギー量

による影響を除外しているという点にある。

代表的な見掛エネルギー量として，法定エネルギー量がある。例えば省エネ法では昼間電力1kWhを9.97 MJとしているが，これは発電および送配電などで発生した損失を含んだ値である。つまり発電システムの入力エネルギー量を出力便益のエネルギー量と見なすものである。全電力会社の発電から受電端までの平均的な総合効率を36.1％と見なし，受電量1kWhの理論エネルギー量3.6 MJの代わりに入力エネルギー9.97 MJを使うものである。

このような考え方は日本の省エネ法に限らず，諸外国の法規などでも慣用的に用いられている。ここではこのような考え方をさらに拡張して，見なしエネルギー量というものを考えていくことにする。

非エネルギー便益は有形の商品だけでなく無形のサービスもある。これらの商品やサービスを利用した結果得られる消費者の満足感，快適感などもバリューチェーンの最終端の便益である。このような便益も，損失を含み入れて，入力と出力が等しいと見なしていけば定量評価が可能となる。

例えば消費者がAという商品1個を購入した場合について，図4.8に示すようなエネルギーチェーンを考える。この商品が十分利用価値があればよいが，もし役に立たずに捨てられれば，その分だけエネルギーが無駄になったことになる。例えば製造工場で消費された電気，燃料などのエネルギー消費量のうちでA商品1個の製造に該当する部分が無駄になる。エネルギーチェーンをさらに上流にたどれば，世界全体で消費された化石燃料のうちでA商品1個の製造に該当する部分が無駄になる。

エネルギー便益も，損失を除外した簡易エネルギー量が適用されることが多い。例えばビルの空調では，熱源機で発生した冷水や温水が各フロアに搬送さ

図4.8　見なしエネルギー量の考え方

れて利用されるが，搬送工程の入口温度を用いた見なしエネルギー量で評価されることが多い。電力も，もっぱら受電量が用いられる。搬送工程における放熱損失，受配電工程における電力損失を検討するためには理論エネルギーの評価が必要だが，エネルギーフローの現状把握では見掛エネルギー量を用いることが便利である。

4.2.2 エネルギーフローのチェーン化

エネルギーフローの現状把握の大きな目的は，便益とエネルギーの関係を明らかにすることにある。そのためには全体を見通しやすくするように，エネルギーフローを整理し，チェーン化することが必要である。

検討対象とするエネルギーフローは，例えば地球全体のようにできるだけ広範囲とすることの意義は大きいが，不確定要素が増し見通しが難しくなる。この点 EnMS は，検討対象を組織のマネジメントが及ぶ範囲と限定しており，一つの合理的な考え方といえる。

企業や工場等の組織は，何らかの活動目的があって組織活動を行っている。組織活動は複雑で活動目的の絞り込みは容易ではない場合も多い。しかし組織が機能するためには省エネにかかわらず活動目的の明確化は必要なはずである。エネルギーフローの現状把握の目的は，組織の活動目的とエネルギー消費活動を結びつけていくことだということもできる。

実際に組織のエネルギーフローを作成していくと，かなり複雑なものになることがある。一つの便益は多くのエネルギー消費活動の結実した成果となり，個々のエネルギー消費活動が多くの便益の産出のために行われている。多くの便益に共通する活動をまとめて行う場合，一つの中間便益が複数の最終便益に分配されているということになる。

エネルギーフローを把握するためには，種々の便益フローの把握も必要になってくる。工場であれば，各工程で消費されたエネルギー価値は最終的に製品として出力される。したがって，主原料や副原料が何段かの工程を経て集合したり分岐したりして最終製品に至る生産工程表などのマテリアルフローの把

握が重要である。サービスなどの無形の便益ではやや難しくなるが，エネルギー消費行動と業務フローとの関係などを把握することがこれに相当する。

把握された便益フローとエネルギーフローを組み合わせ，入力エネルギーを上流から分配していくことによって，各フローを定量評価したバリューフローが出来上がる。だが，このバリューフローはネットワーク状になることが考えられる。このままでもよいが，できればチェーン化したフローとすることによってさらに見通しが良くなる。

具体的には後述の例題で示すが，最終便益ごとのバリューチェーンを整理することができれば，各便益を獲得するため消費されたエネルギーの種類，消費されたシステム，消費量などが見えてくる。

便益ごとのエネルギー消費量，原単位などを定期的に把握し，各期間の組織の活動状況や実施した省エネ対策が，それぞれの便益の原単位にどのように影響したか，どの便益生産の原単位改善が遅れているかなどを把握することは省エネの推進につながる。

4.2.3 システムとバウンダリー

エネルギーフローは，多数のシステムがそれぞれの入力エネルギーと出力便益でつながったものである。したがって，エネルギーや便益はシステムへの入力あるいはシステムからの出力としてとらえられる。エネルギー量や便益量はシステムのバウンダリーの横断量として把握されることになる。したがって，バウンダリーの設定はエネルギーフローの把握にとりきわめて重要である。

もともとバウンダリーとはシステムを定義づけるために設定する境界のことだといえる。例えば工場の敷地境界，事務所ビルの建物の壁などが直感しやすいバウンダリーだが，横断するエネルギーや便益の把握に適しているとは限らない。

組織の経営数値を管理する必要などから，エネルギーや便益の入出量が管理されているマネジメント単位でバウンダリーを設定したほうがよい場合も多い。一つの敷地の中に多数の工場が入り組んでいる場合，一つのビルに多数の

テナント事業所があって照明や空調はビルのオーナーに管理されている場合なども あり，必ずしも容易とは言い切れないが，信頼性の高い入出力データを明確に把握できる可能性が比較的大きい。

図 4.9 にシステムのバウンダリーに関する用語を整理した。組織の省エネを検討する場合，組織全体を一つのシステムととらえ，全体システムの入力エネルギーと出力便益を把握することから始める。しかし，全体システムの入出力だけではエネルギーフローを十分に把握することはできない。エネルギーや便益のフローはバウンダリーの横断量として把握されることになるので，全体システムの中にサブシステムとそれを定義づける内部バウンダリーを設定していく必要がある。

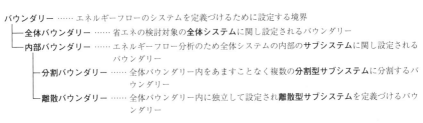

図 4.9 用語の定義：システムのバウンダリー

省エネ法の判断基準では，組織は全体としてだけではなく，設備単位，工程単位などのようにできるだけきめ細かくエネルギー管理を行うことを求めている。一方で EnMS では，組織の分割は，それぞれが独立したマネジメント権限を有する場合を前提としている。組織のエネルギー消費の高度化，複雑化に伴いシステムの細分化は難しくなりつつあり，マクロな視点でのエネルギーフローをとらえることも重要になりつつあるが，ここではできるだけきめ細かくエネルギーフローを見ていくことにする。

内部バウンダリーの設定方法は，図 4.10 に示すように 2 種類が考えられる。一つは全体システムを分割バウンダリーによって複数の分割型サブシステムにあますことなく分割する方法，もう一つは全体システムの内容を精査して省エネ検討対象とすべき要素を拾い出し，それぞれを独立した離散型サブシステム

58   4. エネルギーフローの現状把握

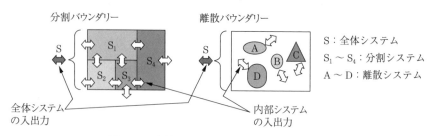

図 4.10　分割バウンダリーと離散バウンダリー

として設定する方法である。

　組織の特性や状況に応じて二つの方法を併用したり組み合わせたりすればよいが，分割バウンダリーによる場合には，あるサブシステムから別のサブシステムへと入出力するエネルギーや便益を，全体システムの入出力と関係づけることが比較的容易である。全体システムの入出力データを最大限に活用できるように，適度なサブシステムに分割していくとよい。

　いろいろな分割方法があるが，まず出力便益に着目し，出力便益別に分割していくのが良い方法である。上流のエネルギーの流れを詳細に把握することも重要だが，そのエネルギーが最終的に何に使われているのかを把握することは非常に重要である。エネルギーと便益の対応を把握するため，エネルギーフローを下流から逆順に見ていくのも一つの方法である。

　例えば工場では，製品別の生産ライン系統が分かれている場合があるので，製品系統別にシステムを分割すればよい。しかし各系統が完全に独立していて相互に影響することがないとは限らない。ある系統から別の系統へとモノやエネルギーの授受が行われることもある。

　そのような場合，各製品系統を上流から下流へと工程別にさらに分割することにより，エネルギーや便益の流れを明らかにすることができる。このようにフローを製品別のバリューチェーンに整理することによって，各製品の製造に消費されたエネルギー量を明らかにすることができ，製品ごとの原単位を把握することができるようになる。具体的には後述の例題を参照いただきたい。

　しかし組織の中には，便益単位に系統分割することが難しい部分が残ること

も多い．例えば，企業の本社組織，工場内の事務所や管理部門などが該当する．これらについても，それぞれの活動目的を整理し，何のためにエネルギーが使われているのかを明らかにして，独立した便益を設定することが理想的である．しかし適当な方法がない場合，共通サブシステムとして扱い，各ラインに何らかの方法，例えば各ラインの便益量などによって按分することも一つの方法である．

4.2.4 購入エネルギーと内製エネルギー

組織が消費するエネルギーは，全体バウンダリーを横断して外部から供給されるものと，全体バウンダリーの内部で発生するものがある．どちらも見掛エネルギーとして定量評価する．図4.11に，見掛エネルギーについて改めて整理した．

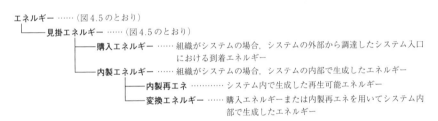

図4.11 用語の定義：見掛エネルギーの区分

外部から供給されるものは電力会社からの購入電力，ガス会社などからの購入燃料，熱供給会社などから購入する蒸気，温水，冷水などがあり，基本的に商品として市場に流通する見掛エネルギーである．この点から，外部から供給されるエネルギーを購入エネルギーと呼ぶことにする．

これに対し，組織が全体バウンダリーの内部で生成したエネルギーを内製エネルギーと呼ぶことにする．近年，太陽光発電などによって組織が自ら生成する内製再エネも増えつつある．現在の省エネ法では再エネの法定エネルギー量はゼロであるが，これも内製エネルギーの一つと考えることにする．

組織が購入エネルギーや内製再エネをバウンダリー内部のサブシステムに供

給して出力させたエネルギー便益を変換エネルギーと呼ぶことにする.変換エネルギーも内製エネルギーである.

変換エネルギーとしては,全体バウンダリー内部の自家発電設備で生成した電力やボイラで生成したスチームがあり,変換エネルギーを用いて生成した温水,冷水などのさまざまなエネルギー便益も含まれる.化石燃料などを一次エネルギーと呼ぶのに対し,電力や精製燃料などを二次エネルギーと呼ぶことが多い.したがって,一般の購入電力,購入燃料を二次エネルギーとして,これら変換したエネルギーを三次エネルギー,四次エネルギーなどと呼ぶこともできるが,煩雑な定義を避けるため,一括して内製エネルギーに含めることにする.

購入エネルギーには法定エネルギー量が定められている.内製エネルギーについては特に定めはないが,生成に要した入力エネルギー量を用いるほうがエネルギーフローを整理しやすい.内製エネルギーを外部に販売する場合の取扱いについては省エネ法で定められているが,基本的にはその生成に要した見掛エネルギー量で定量するという考え方になっている.

図4.12に購入エネルギーと内製エネルギーの比較例を示す.購入電力は1 kWh当り9.97 MJとするという法定エネルギー量が定められている.自家発電で生成される電力1 kWhは3.6 MJだが,もし発電効率が36.1%であれば9.97 MJの購入燃料を消費することになる.全体システムの入力エネルギー量を整合させるためには,消費した購入燃料に合わせ1 kWhを9.97 MJとしたほうがよいことになる.

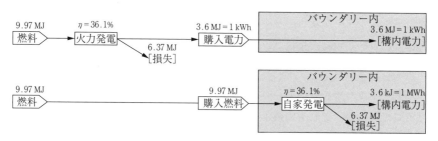

図4.12 購入エネルギーと内製エネルギーの比較

同様の考え方を用いると，購入電力1kWhを消費して電熱ヒータで製造された熱水のエネルギーは9.97 MJとなり，実際のエネルギーとは大きく異なる。空調用の温水や冷水などは，前述のように生成に要した入力エネルギーではなく，搬送工程の入口エネルギーなどを用いた簡易エネルギー量で定量評価されることが多い。目的に応じて使い分ければよいが，全体システムのエネルギーフローを把握する場合には，購入エネルギーの消費量に整合させたほうがよい。

なお，工場ではボイラなどのエネルギー設備は製品ラインごとに設置するのではなく，エネルギー用役工場などとして共通部分としている場合も多い。オフィスビルでも空調の熱源機などのエネルギー設備を各製品の営業部門別あるいはテナント事務所ごとに設けず，共用部として地下の機械室などにまとめられていることが通例だ。したがって，工場の管理棟などと同様にエネルギー用役部門も共通サブシステムとして取り扱ったほうが便利な場合が多い。

エネルギー用役サブシステムにはエネルギー消費量の大きい設備が集合している場合が多く，さらにきめ細かくエネルギーフローを把握する必要がある。この場合にも分割型サブシステムとしてエネルギーフローを検討してもよいが，内部を精査してエネルギー機器を抽出し，離散型サブシステムのエネルギーフローで検討したほうが便利な場合も多い。

4.3 現状把握の方法

4.3.1 現状把握の手順

図4.13にエネルギーフローの現状把握の手順を示す。まず省エネを検討しようとする対象の全体をエネルギーフローのシステムとして把握する。つぎに，全体システムを分割して，システム内部のエネルギーフローを把握する。そしてシステム内のエネルギーフローを分析して，どこでどのようなエネルギーが何のためにどれだけ消費されているかなど，エネルギーフローの現状をできるだけきめ細かく把握する。

62   4. エネルギーフローの現状把握

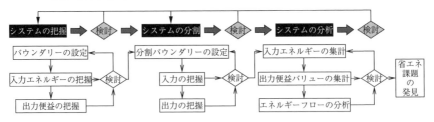

図 4.13 エネルギーフローの現状把握の手順

　これまで述べてきたように，システムの把握ではバウンダリーの適切な設定が鍵であり，設定したバウンダリーを横断する入力エネルギーと出力便益を把握する。システムの分割も内部バウンダリーを適切に設定し入出力を確認する。システムの分析では，例えば便益の系統別に入出力を集計してエネルギーフローの分析を行う。

　入出力の把握が困難な場合や分析に不都合な場合などには，必要に応じて全体バウンダリーや内部バウンダリーの設定を見直す。このようにしてエネルギーフローの分析が完了したら，無駄や損失を洗い出し，省エネ対策を行うべき課題の発見を進める。課題の発見については5章で述べる。ここでは有形の便益を出力する工場を題材に，例題としてモデル工場を設定して，エネルギーフローの現状把握の具体的方法について説明していく。

4.3.2 全体把握

　最初に工場全体を一つのシステムととらえエネルギーフローを考える。入力エネルギーは電力会社からの購入電力と燃料会社からの購入燃料であり，出力便益は工場からの出荷量である。この三つのデータは，工場の運営管理のため特に省エネとは関係なく，従来から定期的に把握されている。**図 4.14** に示すような，単一製品のみを生産する工場の現状把握は比較的簡単である。購入電力と購入燃料の合計値がエネルギー消費量であり，これを製品の出荷量で割った値が原単位である。この原単位の低減を図ることが省エネとなる。

　しかし工場から出荷される製品は一つとは限らない。ここでは，**図 4.15** に

図 4.14 単一製品を生産する工場　　図 4.15 複数製品を生産する工場

示すような A，B，C，D の 4 種の製品を出荷している工場を想定する。この場合も購入電力と購入燃料の合計値が入力エネルギーだが，どの製品にどれだけのエネルギーが使われたかを把握しないと，製品ごとの原単位評価ができない。

製品系列別のエネルギー量は原価管理の面からも有用なデータの一つと考えられるが，十分に把握されていない例は意外に多い。多数のエネルギーデータを計測，記録するためには費用と労力を要するが，製品別エネルギー消費量は特に重要なデータとして把握することが望まれる。

4.3.3　システムの分割

より詳細に現状を把握するため，全体システムの内部を便益別に分割する。この例では A，B，C，D の 4 種の製品が便益と考えられ，製品別にシステムを分割することにする。この場合，全体システムをあますことなくこの四つのサブシステムに分割する方法をとる。

一般にエネルギー消費量の大きなものは，その大きさが把握されていることが多い。例えば A，B，C の 3 製品の燃料消費量が把握されていれば，その合計値を全体システムの燃料消費量から引き算することにより，エネルギー消費量の少ない D 製品の燃料消費量が把握できる。ただし，その際に D 製品に誤差が集中して判断を誤らないような注意も必要である。

図 4.16 に示すように，工場の組織体制が製品系列ごとに A 工場，B 工場などと独立し，それぞれの入力エネルギー，出力便益データが管理されていることが理想的である。例えば EnMS を導入し，製品工場ごとのマネジメントの責任範囲を明確に定義して権限を委譲し，各製品工場の責任者が担当製品のエネ

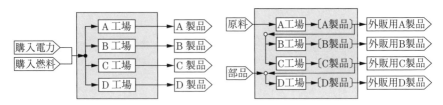

図 4.16 複数製品のエネルギーフローが独立している工場

図 4.17 複数製品のエネルギーフローが相互に関連している工場

ルギー消費量を把握して自身の裁量で省エネを進展させることが期待できる。

しかし、各製品のバリューフローが独立しているとは限らない。図 4.17 に示すように、A 製品の一部はそのまま出荷されて最終便益となるが、残りは B 工場、C 工場に供給され B 製品、C 製品に加工され、さらに C 製品の一部が D 工場に供給されて D 製品となるような、便益が相互に関連する場合もある。このような場合でも、バリューフローをできるだけ整理して、どの便益にどれだけのエネルギーが消費されているかを把握することが有用である。

4.3.4 モデル工場の設定とエネルギーフローの整理

複数の製品のエネルギーフローが相互に関連する工場では、生産工程図を示すマテリアルフローなどを鍵に整理していくとよい。少し具体的に話を進めるため、例題として図 4.18 に示すようなモデル工場（本書では、以降これを単に「モデル工場」と呼ぶことにする）を設定する。

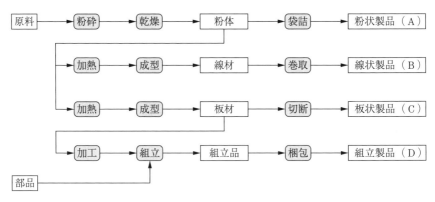

図 4.18 モデル工場の生産工程マテリアルフロー

A製品は原料を粉砕し乾燥したパウダー状の製品とする。パウダーの一部は袋詰めされて出荷されるが，残りのパウダーはB製品，C製品の原料になる。B製品はパウダーを加熱して軟化させてから押出成形などで線状にされ，これが巻き取られたり，束ねられたりして出荷される。

C製品も加熱して軟化させられるが，ロール成形などで板状になり，これが規定寸法に切断されて板状製品として出荷される。しかし一部の板材は別系統に供給され，ここで種々の形状に切断されたり曲げ加工されたりし，外部から購入した接合部材などの部品とともに組立が行われD製品となる。組立完成したD製品は，一品ずつ丁寧に梱包されて出荷される。

金属でも，プラスチック樹脂でも，食品でも構わないので，読者がイメージしやすいものを想定してほしい。

工場全体をすべて製品別に分割できればよいが，実際には仕分けの難しい共通部門が存在する。この工場では事務所および出荷倉庫がこれに該当し，全製品の生産および出荷に関わっている。また各製品工場とは別に用役工場があり，受配電盤，自家発電，ボイラ，コンプレッサ，チラーなどで構成され，図4.19に示すように各製品工場および共通部門にエネルギーを供給している。用役工場も特定便益に仕分けられない共通部門ということになる。

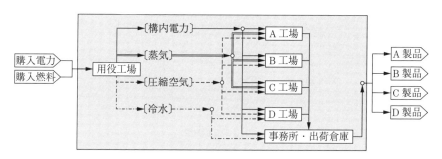

図 4.19 モデル工場の共通部門とエネルギーフロー

用役工場は購入電力および購入燃料を入力され，構内電力，蒸気，圧縮空気，冷水を出力するシステムである。構内電力，蒸気，圧縮空気，冷水は内製エネルギーである。圧縮空気は，諸外国ではエネルギーとして取り扱うことも

多いが,わが国の省エネ法ではエネルギーから除外することが多い。冷水や温水や蒸気も搬送工程入口などにおける熱のみを計上し,圧力エネルギーなどは除外される。

省エネ法で特定の値を使用することが定められているのは購入エネルギーだけであり,内製エネルギーについては特に定めはない。ここでは各内製エネルギーを生成するためにシステムへ入力され消費されたエネルギー量が,そのまま引き継がれるという考え方で整理していくことにする。

そこで,ここでは用役工場のエネルギーフローを図 4.20 に示すように想定する。すなわち,原油換算 kL（キロリットル）で,購入電力 680,購入燃料 1 320,計 2 000 が入力され,構内電力 850,蒸気 1 000,冷水 50,圧縮空気 100 が出力されている。ここで例えば圧縮空気のエネルギー量の 100 kL は圧縮空気そのもののエネルギーではなく,コンプレッサで消費された電力の法定エネルギー量である。

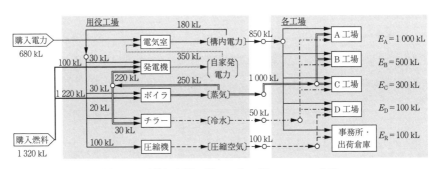

図 4.20　例題の用役工場のエネルギーフローの定量

4.3.5　モデル工場のバリューフローの整理

ここで定量されたものはエネルギー量というよりは,むしろ原油換算購入エネルギーで表示された各内製エネルギーのバリューの量である。内製エネルギーのバリューは各工場で製品のバリューに分配されていくととらえ,バリューフローを整理していく。

4.3 現状把握の方法　67

　図 4.20 に示したように，A，B，C，D 各製品工場および共通部門の内製エネルギー消費量は，それぞれ 1 000，500，300，100 kL とし，その内訳は**表 4.2** に示すとおりとした。構内電気は各工場で消費され，蒸気は A，B，C 工場で乾燥および加熱に消費され，空気は空圧機器駆動用などとして事務所・倉庫を除く各工場で消費され，冷水は D 工場で製品冷却用として，事務所で空調用として消費されることを想定した。

表 4.2　例題における各サブシステムのエネルギーデータ集計

工　場	電　気	蒸　気	空　気	冷　水	計
A	320 kL	650 kL	30 kL		1 000 kL
B	250 kL	230 kL	20 kL		500 kL
C	160 kL	120 kL	20 kL		300 kL
D	50 kL		30 kL	20 kL	100 kL
事務所・倉庫	70 kL			30 kL	100 kL
計	850 kL	1 000 kL	100 kL	50 kL	2 000 kL

　各製品工場の入力エネルギーが各製品の生産のために消費に使われたことになるが，工場間で便益のやりとりがあることを想定したので，便益のフロー量を把握し，フロー量に応じて入力エネルギーを分配すれば，入力エネルギーと出力便益を結びつけることができることになる。

　例えば A 工場の原料処理量が 100 t で，うち 40 t が A 製品として出荷され，残り 60 t は B，C 工場に 30 t ずつ送られたと想定する。そして C 工場に送られた 30 t のうち 10 t は D 工場に送られたと想定する。この便益の量に比例してエネルギー量を分配すれば，**図 4.21** に示すように，最終便益としての A 製品 40 t は 400 kL，B 製品 30 t は 800 kL，C 製品 20 t は 400 kL，D 製品 10 t は 300 kL が配分されることになる。

　このとき，便益の量についても，実際のトン数などを使用するよりも，何らかの基準に基づき統一した尺度で表示したほうがよい。例えば実際の原料は，水分 20% を含むため 125 t であるような場合でも，無水ベースの 100 t を一貫して用いたほうがよい。原料水分が季節によって変動したり，A 工場の乾燥工

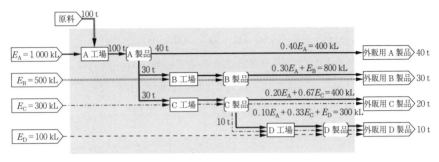

図 4.21 例題における生産工程フローへのエネルギー配分

程後の水分が2〜3%の間で変動したりするような場合でも面倒が少ない。

A工場の粉砕工程における発塵，D工場の加工工程における端材に伴う変動が生じるような場合でも，変動前の無水原料ベースなどに換算したほうが便利な場合もある。便益の変動がエネルギー損失につながることもあり，最終的には無視できないこともある。だがエネルギーフローの現状把握の段階では，いったん変動を無視したほうが整理しやすい。

4.3.6 モデル工場のバリューフローのチェーン化

生産工程のマテリアルフローに基づき内製エネルギーを分配することによって，消費エネルギーと最終便益との関係はかなり明確になる。だがさらに見通しを良くするためには，製品ごとにエネルギーフローを分離してチェーン化することが望ましい。

このためには，仮想的にA工場を四つに，C工場を二つに分けて考える。実際には原料処理量100 tのA工場が一つあるだけだが，A〜D各製品専用に，原料処理量40 t，30 t，20 t，10 tの四つのA工場があると想定する。同様にA製品処理量30 tのC工場も，C〜D各製品専用に処理量20 tおよび10 tの二つのC工場があると想定する。

このような考え方をしていけば，**図 4.22** に示すように製品ごとにエネルギーフローをチェーン化することができ，目的とする便益とそのために消費されたエネルギーの関係を明確に把握することができる。

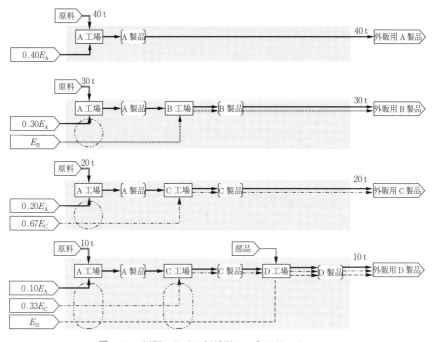

図 4.22 例題における便益別のエネルギーチェーン

エネルギーフローに関するこのような考え方は，じつは省エネでは従来から行われている．昼間購入電力 1 kWh を 9.97 MJ とするのも，個別の省エネ検討対象システムごとに，その消費電力に応じた効率 36.1％の発電所があると仮想的に設定したことに相当する．

図 4.22 を見ると，D 製品の原単位は A 工場，C 工場，D 工場の原単位の合計となっている．これは，例えばセメント製造業の省エネ法ベンチマーク基準では，上工程，中工程，下工程の原単位を合算したものを全工程の原単位として評価指標に用いていることなどとも考え方は共通する．

実際のセメント工場では上工程，中工程の出力便益を他社に販売したり，中工程の原料を他社から購入したりする場合も多いが，各工程の原単位を合計することにより，エネルギーチェーン全体の入力エネルギーと最終便益の比を合理的に評価できることになる．

図 4.22 の製品 C のエネルギーチェーンにおける入力エネルギー $0.67E_\mathrm{c}$（C 工場の入力エネルギーの 0.67 倍）は C 工場で入力されるものであり，A 工場には特に関係しない。しかし A 工場に入力されて，そのまま出力されて，A 製品とともに C 工場に送られるという見方もできる。図 4.5 で整理したように，このような通過エネルギーも含めた入力エネルギーをバルクエネルギーと呼び，見なしエネルギーの一つとして扱う。

現実のエネルギーフローは複雑なネットワークである。エネルギーフローをチェーン化する方法は一つだけではない。何を目的に，何をどう評価するかなどを最初に決めなければ整理ができない。ここでは，便益ごとに，その生成に要したエネルギー消費量を明らかにすることを目的として整理する例を示したものである。

5 損失発見の
エネルギーフロー

5.1 エネルギーバランスフローと省エネ

5.1.1 損失発見のためのエネルギーフロー

　省エネとは，必要な便益をできるだけ小さな入力で確保することである。言い換えると，損失や無駄をできるだけ小さくすることである。エネルギーフローを構成する一つひとつのシステムには入力エネルギーと出力便益に加え，損失や無駄がある。各システムの入力のうち，出力便益にならなかったものが損失や無駄である。

　何が真に必要な便益かは人により意見が分かれるかもしれないが，本当に必要な便益を減らすことは難しい。それぞれの場合や条件に応じて必要な便益は確保しつつ，損失や無駄を削減して化石燃料消費の低減につなげることが省エネといえる。

　企業は無駄を省くことで，売上を確保しながらエネルギーコストを削減する。地球規模では無駄な CO_2 排出を削減して温暖化を抑制し，また限りある地球資源を未来の子孫のために温存しなければならない。ノーベル賞受賞者マータイ女史の言葉をお借りすれば，損失や無駄はまさに**モッタイナイ**エネルギー消費である。つまり省エネとは**モッタイナイ**の削減，無駄の撲滅である。

　省エネ対策は損失や無駄の発見から始まる。これは省エネ課題の抽出ともいえる。エネルギーフローの現状を把握したら，損失や無駄の発見に移る。

5. 損失発見のエネルギーフロー

現状把握では，入力エネルギー，システム，出力便益の3要素で構成される基本ユニットを連結したエネルギーフローを考えた（4章参照）。しかし損失の発見には，これでは不十分である。図5.1に示すような，損失を含めた4要素からなる基本ユニットが必要となってくる。

図5.1 エネルギーバランスフローの基本形

これはエネルギーバランスフローとも呼ばれる。出力がエネルギー便益の場合にはエネルギーバランス式が成立するからである。エネルギーバランス式が成立すれば，効率や原単位の計算が容易になり，省エネ性能の評価に便利である。図5.2に省エネに関する効率指標について用語を整理した。具体的内容などについては，本章の中で順次述べていくことにする。

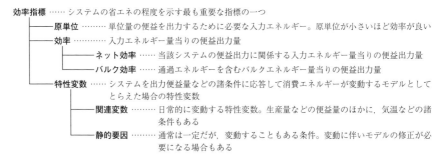

図5.2 用語の定義：効率指標

4要素からなる基本ユニットを適用すると，エネルギーフローは少し複雑になってくる。無駄や損失を発見しやすくするためには，エネルギーフローを見やすく整理することが有効である。エネルギーバランスの特性や効率指標などを考慮しながら，エネルギーフローの整理方法を工夫していく。

5.1.2 エネルギーバランスフローのチェーン化と特徴

損失や無駄の発見では，現状把握に比べより細かく，エネルギーフローを見ていく必要がある．チェーン化したエネルギーフローも細かく見ていくと，再び分岐したり合流したりして複雑なネットワークになっている．そのままでは見通しが難しくなり，再度チェーン化を図る必要がある．

複雑なエネルギーバランスフローも，種々の工夫をすることによってチェーン化することが可能である．例えば図 5.3 に示すように，ある上流システム S_1 の出力便益が $k:(1-k)$ という割合で分岐して二つの下流システム S_{21}, S_{22} の入力となる並列型であれば，損失も $k:(1-k)$ という割合で二つの下流システムに分配されると考えればよい．これは上流システムを S_{11}, S_{12} の二つに分割して，どちらも同じ効率だと想定したことになる．前述のように，購入電力の法定エネルギー量の設定などと共通する考え方である．

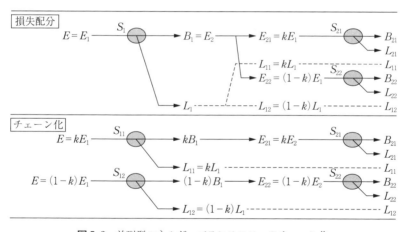

図 5.3　並列型エネルギーバランスフローのチェーン化

4 要素からなる基本ユニットを連結してチェーン化したエネルギーフローの各システムの効率や損失には，エネルギーバランスから決まる特性がある．図 5.4 に示すような直列に接続された三つのシステム S_1, S_2, S_3 の効率が η_1, η_2, η_3，損失が L_1, L_2, L_3 であるとき，全体システムの効率 η は各システムの効率の積（$\eta_1 \times \eta_2 \times \eta_3$）であり，損失 L は各システムの損失の和（$L_1 + L_2 +$

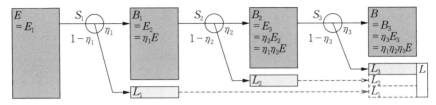

図5.4 エネルギーチェーンにおける効率乗算則と損失加算則

L_3) である。システムをチェーン化することによって，効率には乗算則，損失には加算則が成立することになる。

5.1.3 エネルギーチェーンにおける効率の乗算則の応用

チェーン化されたエネルギーフローにおける効率の乗算則は，個別の損失について検討する前段階として，省エネ対策効果を俯瞰的に把握するために有効である。例えば図5.5の上段に示すように，上流から①，②，③，④という四つのシステムが直列となったエネルギーチェーンにおいて，少し大げさな数字だが，各システムの効率が上流から順に50％，33％，50％，80％とすると，最終便益80を確保するためには最上流では1 200のエネルギーが必要である。

ここで最下流のシステム④の損失はわずか20にすぎず，全体の損失1 200 − 80 = 1 120のごくわずかな部分にすぎない。しかし同図の中段に示すように，システム④の効率を20％改善して無駄を完全に撲滅することができれば，最上流のエネルギー供給を960まで下げることができる。これは同図の下段に示

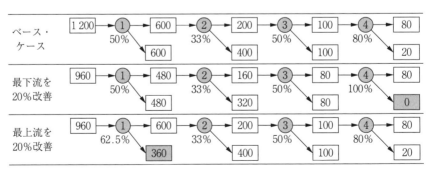

図5.5 乗算則によるエネルギーチェーンの省エネ評価の例

5.1 エネルギーバランスフローと省エネ

すように,最上流のシステム①の効率を 20% 改善して,480 の損失を 360 まで低下させたことに匹敵する。

最終便益の無駄遣いの削減などのような下流の身近な省エネは,エネルギー転換などの上流の省エネに比べ効果が小さいように感じられる場合もあるが,効率の改善が同じ 20% であれば,最上流の入力エネルギー量の低減効果は変わらないことは明らかである。

だが実際のエネルギーフローは完全にチェーン化することが難しい場合もあり,注意が必要である。現状把握のエネルギーフローでも述べたが,チェーン化の方法は一つではなく,どの流れに焦点を絞るかによっても変わってくる。

例えば途中から追加のエネルギーフローが合流する場合には,できるだけ上流で無駄を削減したほうが下流で消費する追加エネルギーが少なくて済むので,省エネ効果が大きいということになる。

例えば図 5.6 に示すように,原料 M を S_1,S_2 の 2 工程で加工し,S_1 の出力便益 B_1 を S_2 に入力する場合について考える。S_1 工程に E_1,S_2 工程に E_2,あわせて $E = E_1 + E_2$ のエネルギーを入力したとする。この場合 S_1 工程の効率 $\eta_1 = B_1/E_1$ と S_2 工程の効率 $\eta_2 = B_2/E_2$ については乗算則が成立しない。

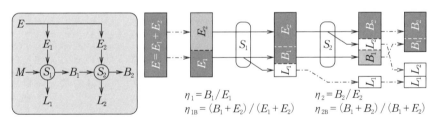

図 5.6　バルク効率による効率乗算則の適用範囲の拡大

しかし通過エネルギーを含めたバルクエネルギーに着目すれば,S_1 工程のバルク効率 $\eta_{1B} = (B_1 + E_2)/(E_1 + E_2)$ と,S_2 工程のバルク効率 $\eta_{2B} = (B_1 + B_2)/(B_1 + E_2)$ とを掛け合わせた $\eta_B = (B_1 + B_2)/(E_1 + E_2)$ はエネルギーチェーン全体の効率と考えることができ,乗算則が成立することになる。

S_1 と S_2 を分割せずに全体をマクロにとらえる限りは特に混乱は生じないか

もしれないが，損失発見のためにきめ細かい検討を始めた場合などに勘違いや誤解をしないように注意が必要である．

5.1.4 エネルギーチェーンにおける損失の加算則の応用

チェーン化されたエネルギーフローにおける損失の加算則は，チェーン化されたシステムの順序をあまり厳密に考えないで済むという点で便利である．エネルギーフローはできるだけきめ細かく分割することが理想だが，現実にはなかなか難しく，またフローの前後関係を区別することにあまり意味がない場合もある．例えば四輪車では，走行エネルギーの損失が各車輪で発生しているが，どの車輪の損失が先か後かということは通常はあまり意味がない．

損失発生の前後関係の区別にあまり意味がない場合，おおまかなグループ単位にシステムを括り，エネルギーチェーンを検討していけばよい．多数のシステムからなるチェーンの最上流にエネルギー E が入力され，最下流から便益 B が出力される場合，例えば図 5.7 に示すように S_1，S_2，S_3，S_4 の四つのシステムにグループ分けして考えることができる．$S_1 \sim S_4$ のシステムは，よりきめ細かく分析すると，それぞれいくつかのサブシステムで構成されていることはわかるが，その順序を分析することが難しい場合には，各サブシステムの損失要因を項目として抽出することまでできれば十分である．

このような図によって各サブシステムの損失を葉脈状に表示すると見通しが立てやすい．図は，例えばシステム S_1 は S_{11}，S_{12}，S_{13} というような三つのサ

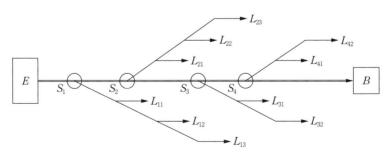

図 5.7　葉脈図を用いるエネルギーチェーンの損失発生要因分析

ブシステムで構成され，各サブシステムの損失が L_{11}，L_{12}，L_{13} であることを示す。S_1 の損失 L_1 が $L_{11}+L_{12}+L_{13}$ となる関係を活用して，各損失の大きさを把握が容易なものから順に定量していけばよい。

品質管理分野では特性要因図による分析手法がよく知られている。種々の原因が合流して品質不良に至る流れを示すもので，魚の骨状であるためフィッシュボーンチャートなどとも呼ばれる。図5.7では入力エネルギーが種々の損失として分流して最後に残ったものが便益である。特性要因図と流れ方向は逆向きとなるが，考え方には共通するところがある。品質管理の考え方も参考にしながら，エネルギーの損失発見手段の一つとして活用することができる。

5.2 エネルギーの有効活用と損失

5.2.1 損失の分類と発生パターン

つぎに，もう少し具体的に，エネルギーフローから損失や無駄を探し出して，エネルギーの有効活用を検討していく方法について述べる。このための便宜上，エネルギーバランスフローのシステムを，**図5.8**に示す三つのパターンに区分する。

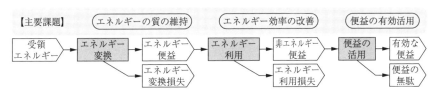

図5.8 エネルギーチェーンにおけるシステム分類と損失

1番目は入力および出力がどちらもエネルギーで，損失もエネルギーとなるシステムであり，エネルギー変換と呼ぶことにする。エネルギーチェーンの上流に位置し，例えばボイラで蒸気を発生させたり，エンジンで回転エネルギーを発生させたりする場合がこれに相当する。

2番目は入力がエネルギーで，出力は非エネルギー便益となるシステムであ

り，エネルギー利用と呼ぶことにする。このパターンでは便益の生成に使われなかったエネルギーは見掛エネルギーとしては便益に含める場合もあるが，本質エネルギーとしては損失である。無駄にならなかった本質エネルギーが便益となった物体に宿されている場合もあるが，もはやエネルギーとしては活用できない非エネルギー便益である。例えばホットコーヒーの熱エネルギーなどがこれに該当する。

3番目は入出力ともに非エネルギー便益のシステムであり，便益の活用と呼ぶことにする。損失は無駄になった便益で，例えば惣菜工場で生産された行楽弁当のうち天候の見込違いで売れ残り廃棄処分になったもの，検査工程で不合格になり出荷できなかった製品などが該当し，その製造に使われたエネルギーが損失となる。

ここまで損失，無駄などの表現を特に区別せず用いてきた。あまり厳密な区別はできないが，図5.9のように便宜的に整理しておく。本書の基本的なスタンスは，省エネの本質とは無駄の撲滅であり，損失の低減である。損失はできるだけ減らすべきだが，理論的にも現実的にもゼロにすることは不可能なものを指すことが多い。一方，無駄は完全にゼロにすることも不可能ではないことが多いので，低減できる損失をそのまま発生させ続けることは無駄ととらえる。

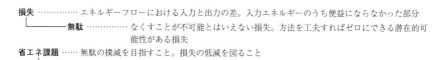

損失 …………… エネルギーフローにおける入力と出力の差。入力エネルギーのうち便益にならなかった部分
└── 無駄 …………… なくすことが不可能とはいえない損失。方法を工夫すればゼロにできる潜在的可能性がある損失
省エネ課題 …… 無駄の撲滅を目指すこと。損失の低減を図ること
└── 省エネ対策 …… 省エネ課題を解決すること。無駄の撲滅に向けて損失を低減すること

図5.9 用語の定義：損失と課題

5.2.2 見掛エネルギーと本質エネルギー

省エネを推進するためには損失を発見しなければならない。損失はエネルギーの場合もあればエネルギーを消費して得られた便益のバリューのこともある。前章で，エネルギーを本質エネルギーと見掛エネルギーに分類した（図

5.2 エネルギーの有効活用と損失

4.5参照)。損失も見掛エネルギーの場合と本質エネルギーの場合がある。

省エネの検討では，多くの場合エネルギーを宿した物体を見掛エネルギーととらえている。特に購入電力，購入燃料などのように商品として流通している見掛エネルギーが重要である。エネルギーは経済的価値でもある。エネルギーを消費して得られた便益も見掛エネルギーである。このような見掛エネルギーによるエネルギーフローのとらえ方は便利である。エネルギーチェーンの下流における便益の活用では，バリューフローとしてとらえた見掛エネルギーの損失を探し出していくことが省エネ課題の発見につながる。

しかし見掛エネルギーのバリューは真のエネルギー量ではなく，その産出のために消費された上流のエネルギー量である。エネルギーフローの上流でも，われわれが日常取り扱うエネルギーは本質エネルギーを宿したエネルギー媒体であって，本質エネルギーとは異なる場合が多い。見掛エネルギーは実用面では便利だが，損失の発見には不十分な場合もある。

本質エネルギーは目には見えず，とらえどころがない。現実の省エネ問題に対応する場合，いちいち本質エネルギーに立ち戻ることは面倒である。しかし損失をとらえるためには，本質エネルギーに立ち戻ることが必要な場合もある。

エネルギー媒体は消費されるエネルギーであり，使用されれば消えてしまう。一方，エネルギー媒体に宿されている本質エネルギーは，いくら使用しても消えることはない。**図5.10**に示すようにつぎつぎと形態を変えていくが，消費という概念は当てはまらない。

例えば燃料は発熱量などと呼ばれる化学エネルギーを宿している物体で，それ自体は本質エネルギーではない。燃料は燃焼すればなくなってしまうが，化学エネルギーは熱エネルギーに姿を変えて残っている。熱エネルギーは例えばエンジンなどの熱機関で回転の運動エネルギーに姿を変え，これで発電機を回転させれば，電気エネルギーに姿を変える。電気分解によって電気エネルギーを化学エネルギーに変えることもでき，電池を用いて化学エネルギーを電気エネルギーに直接変えることもできる。

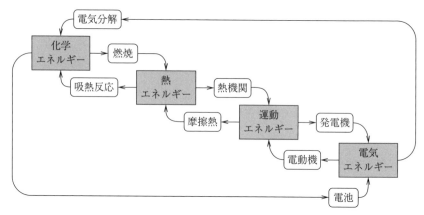

図 5.10　各種の本質エネルギーの相互変換

　本質エネルギーは目には見えずとらえにくいので，便益にならなかったエネルギーがいつの間にかどこかに逃げ出してしまうことが多い。本質エネルギーはじつに巧みな変装名人である。つぎからつぎへと姿を変え，いつの間にかそっと逃げ出してしまう。上流のエネルギー変換はもちろん，中流のエネルギー利用においても，逃げ出そうとする本質エネルギーの損失を見つけ出すことが省エネ課題の発見につながる。

5.2.3　本質エネルギーの量と質

　本質エネルギーは，いくら使っても減ることはないが，その質は低下することがある。熱力学的にいうと，エントロピーという状態量が増加するということである。しかしエントロピーの概念を用いた説明はなかなか大変なので，ここでは総エネルギーと有効エネルギーという考え方を用いる。

　有効エネルギーはエクセルギーと呼ばれ[15]，これも厳密な説明は簡単ではないが，損失の発見を考えるために最小限必要な基本的な概念について説明しておく。前章でも触れたように（図 4.5 参照），本質エネルギーは，その総量は増えも減りもしないが，有効エネルギーは減ることがある。有効エネルギー率が減るとエネルギーの質が低下し，使い道が乏しくなってエネルギー損失とな

りやすい。

　有効エネルギー率の低下はエネルギーの使い方に大きく左右される。特にエネルギーチェーンの上流のエネルギー変換では，総エネルギーの損失を減らすだけでなく，有効エネルギー率の減少をできるだけ抑えるような，上手な使い方をすることが大切である。

　エネルギーの質の低下が特に生じやすいのは熱エネルギーである。例えばカップ一杯の100℃の熱湯を，大きな池の常温の水に注ぎこんだとする。大きな池の水温は，熱湯を注ぐ前とほとんど変わらない。ほぼ常温のままで，もはや熱エネルギーはなくなってしまったように見える。だが熱湯の熱エネルギーがなくなったわけではなく，池の水と混合して残っている。

　大きな池の水の熱エネルギーにおける有効エネルギーの割合は，最初はほとんどゼロだった。100℃の熱湯の熱エネルギーの中にあった有効エネルギーは薄まってしまい，有効エネルギー率が低下してしまった。じつは希釈されただけではない。有効エネルギーは本質エネルギーの総量のように保存されるわけではなく，一部は消滅して単なる希釈以上に有効エネルギー率が低下している。

　熱エネルギーの有効エネルギー率 ε は厳密には種々の条件で異なるが，最も簡便には温熱の温度 T と環境温度 T_0 を用いて $\varepsilon = (T - T_0)/T$ と考えることができる。ただし温度 T および T_0 は，どちらも絶対温度 K（摂氏温度℃に約273を加えた値となる）を用いる。**図 5.11** に示すように，ε の値は超高温では100％に近づくが，100℃以下では20％以下と大幅に低下し，環境温度25℃（＝297 K）ではゼロとなる。環境温度より低温の冷熱では再び ε が増加していく。

　あらゆるものごとは分散して，やがて均一な環境条件になろうとするので，これを熱力学ではエントロピーが増大するという考え方をする。われわれがエネルギーを利用するときは環境条件との差を活用している。例えば水力発電では蓄えられた水が保有しているダムの水面と環境条件との差から決まる位置エネルギーを活用しており，圧縮空気は大気圧との差から決まる圧力エネルギーを活用している。

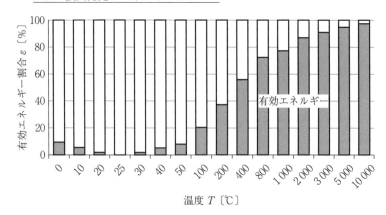

図 5.11 温度変化と本質エネルギーの質の変化の関係

熱以外のエネルギーにも有効エネルギー率 ε は定義される。だが電気エネルギー，運動エネルギーなどの大半のエネルギーでは ε はほぼ100%である。化学エネルギーでは，一部の物質では ε が80%程度と低いが，大半はほぼ100%である。

有効エネルギー率 ε の小さいエネルギーは用途が限られるため損失となりやすい。しかし環境温度にきわめて近い温度の熱需要など，低品質のエネルギーにも適した用途はある。有効エネルギー率の低下を完全に抑えることは難しい。しかし，低品質のエネルギーでも十分な用途に高品質のエネルギーを適用することは**モッタイナイ**ことである。エネルギーの質に着目して，適材適所のエネルギー利用を考えることが省エネにつながる。

5.3 損失発見の着眼点

エネルギーフローを整理したら，いよいよエネルギーの無駄や損失の発見に取り掛かる。つまり図5.7に示した葉脈図の支流を探していくことになる。しかし無駄や損失の発生形態は多様であり，こうすれば必ず見つかるというような方法はない。したがって，多くの事例を参照することは良い方法だが，役に立つ事例に出会えるとは限らないし，また出会っても見逃すことも多い。

5.3 損失発見の着眼点　　83

どのような方法によるにしても，最初の気づきが大きな鍵である。そこでエネルギーフローの視点から，最初の気づきのヒントとなりそうな着眼点を**表5.1**にまとめた。表に見るように，無駄や損失は種々のミスマッチで生じる場合が多い。エネルギーは適材適所の利用が重要である。また損失は何かに紛れて発生することが多い。本質エネルギーは目に見えず，気づかないうちに姿を変えて逃げ出していくからである。

表5.1　損失発見の着眼点

<u>便益活用の無駄</u> ・過剰品質は売れても損失 ・売れ残りはエネルギー損失 ・不良品の発生は損失そのもの <u>エネルギー利用の無駄</u> ・時間のミスマッチで生じる損失 ・場所のミスマッチで生じる損失 ・モノに紛れて逃げ出す損失 ・エネルギーの調整で生じる損失 ・エネルギーの輸送で生じる損失	・規模のミスマッチが招く固定エネルギーの増大 ・潜熱に紛れて生じる損失 <u>エネルギー変換損失</u> ・熱エネルギーの質の低下を抑制 ・電気は上手に大切に活用 ・ヒートポンプを正しく活用 ・負荷に紛れて生じる損失 ・熱回収は役立ってこそ省エネ ・コージェネレーションの活用

発見した無駄や損失を省エネ対策の対象とするか否かを判断するため，その大きさや低減の可能性に関する見極めも必要である。損失が発生する理由を理解し，損失がなかった場合の本来のエネルギー消費量はどうなるかなどについて，その概略を知ることも必要である。

本節の以下の各項では，このような観点から，各着眼点について概説する。

5.3.1　便益の活用の無駄

〔1〕**過剰品質は売れても損失**　　損失をエネルギーフローの最下流から逆順に考えていこう。企業などの組織にとり，製品やサービスなどの便益が効率的に生産されて市場に供給され，消費者に利活用されればすべての役割を果たしたことになり，一般的にはそれ以上の省エネはない。だが，消費者が真に求める品質レベル以上の便益を提供するために余分なエネルギーが消費されていれば，それも損失といえる。

商品やサービスは，消費者に受け入れられたからといって満足されているとは限らない。他に代替品がないから購入されているかもしれない。便益の価値判断は，個人の主観，歴史的あるいは文化的背景，社会や政治や経済などの状況，流行やファッションなどの種々の要因も関わるため，著者の手に負えない。このような論点については，ここでは詳細には立ち入ることは控えるが，最終便益の供給品質と消費者の真の要求品質とのミスマッチもエネルギー損失の一つとして考慮すべきということだけ指摘しておきたい。

最終便益の内容と必要な品質をしっかりと見極めることができれば，4章で述べたような方法によって，出力便益からエネルギーチェーンを上流に向けてたどり，便益のバリューから損失の大きさを見掛エネルギー量で評価することが可能である。少しでも少ないエネルギー消費で消費者の真の要求を満たすことは，組織としての社会的使命でもあり，省エネであると同時に組織の発展とコストダウンにもつながる。

〔2〕 **売れ残りはエネルギー損失**　消費者が真に求める品質とのミスマッチは定量的に把握しにくく，予測や対策も難しい。これに比べ需給量のミスマッチはもう少しわかりやすい。効率的に生産されて市場に供給されたが，消費者に受け入れられずに売れ残った製品やサービスなどの便益量を把握できれば，エネルギーチェーンを上流に向けてたどり，生産や供給に消費されたすべてのエネルギーによって損失を定量評価することができる。また，廃棄などのために消費されるエネルギーも損失と考えるべきである。

損失はある程度まで把握できても，無駄の把握は難しい。本来なら，売れ残りはどこまで減らすことができたかを評価する必要もある。便益のバリューフローを消費者の購入で終わらせず，さらに下流まで追求し，需要の量，質，時期などを検討していくことも有効である。例えば衣類などは，季節，流行，その他消費者の嗜好を見誤ると多量の売れ残りを生じる。行楽弁当などの保存のききにくい便益は，需要のタイミングや天候条件などで売れ残りを生じる。消費者目線で役に立つ便益の提供を図ることが省エネにつながる。

近年，気象情報と省エネの関連性が注目されている[16]。食品に限らず，種々

5.3 損失発見の着眼点

の物品の需要が気象条件に左右される。気象条件は消費者の嗜好，ニーズに加え，便益の運送，保管，貯蔵などの流通手段などにも影響する。需要予測のため種々の方法が発展してきている。マーケットリサーチ，消費者アンケート，売上実績などの解析などに関しても，データマイニング，ビッグデータ処理などの新しい手法や技術がつぎつぎと登場しており，省エネへの貢献が期待される。

〔3〕 **不良品の発生は損失そのもの**　さらにもう一歩上流に遡る。製品やサービスなどの便益は，品質不良のため市場に供給できなければ生成に要したすべてのエネルギーが損失である。市場に供給されながら品質不良のため返品されれば，市場との往復などに要した流通サービスのエネルギー消費も無駄になる。不良品が消費者に提供されてしまうと，社会的にも非常に大きなエネルギー損失となることもある。

損失の大きさは，不良品の発見段階までに消費された便益の見掛エネルギー量に不良品の割合を乗じたもので評価することができる。したがって，エネルギーフローのどの段階で検査を行うかがエネルギー損失に影響する。生産工程に沿ったマテリアルフローでバリューチェーンを検討する場合，チェーンの途中でエネルギーが追加されることもあるので，不良品は上流で発見するほど損失が少なくて済む。だが，上流で検査に合格しても下流で新たに不良品が発生するような場合には最終検査は省略できないので，重複検査のコストアップなども含めて検討することも必要となる。

品質管理は省エネと共通するところが多く，省エネそのものとすらいえる。品質管理に関しては種々の手法が確立されており参考になる。省エネと品質管理を両立させるという認識で相乗効果を上げていくことが望ましいといえる。

5.3.2 エネルギー利用の無駄

〔1〕 **時間のミスマッチで生じる損失**　つぎにエネルギー利用の無駄について考えていく。簡単に気づくものとして，エネルギーの供給と便益の利用の時間的ミスマッチがある。エネルギーは必要な時間帯だけに必要量だけが入力

されることが理想である。しかし実際にはさまざまな事情から，長時間にわたり一定条件でエネルギーが使用され続けていることも多い。必要量以上に消費され続けたエネルギーは損失である。

必要量以上の便益の出力のために消費され続けた入力エネルギー量が損失である。例えば不要時間の照明や圧縮空気の出力のために照明器具やコンプレッサが消費した電力が損失である。便益の必要量が時間的に変動したために余分に入力されたエネルギーも損失である。

このような損失を発見するためには，エネルギーフローを下流に追っていき，そのエネルギー消費が目的としている便益を明確にしていくことが有効である。便益の明確化を通じて，そのエネルギーがなぜ長時間にわたり消費し続けられたり，一定条件で消費し続けられたりしているかという原因や背景を究明することが大切である。便益を損なわない範囲で，エネルギー消費をどこまで断続的にしてよいか，消費量をどこまで変動させてよいかを見極めて，無駄の大きさを考える。この際，使用時間を減らした結果，かえってエネルギー供給量が増えることがないかなども見極める必要がある。

時間のミスマッチによる損失はいろいろな分野で生じている。例えば商業ビルでは来店客の人数が増減する。したがって，一定条件で空調や照明を使用し続けることは損失だが，一律に空調や照明を減らし来店客が減少するようでは，その商業ビルを運営していること自体が無駄になる。来店客の人数，行動などを十分検討して，空調や照明の時間や条件を設定しなければならない。

工場の生産プロセスでは，プロセスをいったん停止すると準備時間や後始末時間に要するエネルギー量が大きくなる場合もある。例えば製品の品質を確保するために設備を完全に冷却して清掃し，改めて長時間かけて設備全体を均一に予熱しなければならないような場合もある。不要時にも運転を継続した場合のエネルギー消費量と，いったん停止した場合の準備や後始末に伴うエネルギー消費量を比較検討して運転スケジュールなどを設定しなければならない。

夜間や休日にコンプレッサが運転されている例もある。圧縮空気の用途が多様で複雑なため，必要な時間や必要な流量が十分把握できていないことなどが

原因の場合が多い。便益の目的や諸条件をできるだけ把握し，可能な範囲でこまめな起動停止を行うことが基本である。

具体的な対策はさまざまだが，例えば30分以上の停止が見込まれる場合には停止するなどの基準を設定するのも一つの方法である。また1日に数回ずつ1〜2時間程度の運転があるため設備を連続運転しているような場合には，運転を集約化して起動準備や後始末の回数を減らすことができれば，その他の不要な時間帯に停止できる可能性もある。完全に停止することが困難な場合でも，例えば不要時間帯には若干温度を下げて運転を継続するなどの工夫によりエネルギー消費量を減らすことができる場合もある。

〔2〕 **場所のミスマッチで生じる損失**　エネルギーの供給と便益の利用の場所的なミスマッチも同様である。誰もいない会議室の空調や照明はエネルギーの損失である。デパートなどの広いフロアの全体が，買い物客や店員の在不在かかわらず一様に空調や照明が施されていれば，人のいないエリアのエネルギー消費は損失である。大きな加熱炉の一部分にしか原料が入っていないにもかかわらず，炉全体が一様に加熱されている場合も，原料のない部分の熱エネルギーは損失である。

必要なエネルギーの量や質は場所によって異なることが多いので，広い場所に一定条件でエネルギーが供給されていれば損失につながる。必要な場所に必要なだけのエネルギーを供給するのが理想的であり，損失を減らすためには，できるだけ小さく区画を分割して，区画ごとに適切な条件設定を行うことが望まれる。また，所要条件が同じ区画はできるだけ集約するなどの工夫により損失を減らすことができる場合もある。

この場合も，エネルギーフローを下流に追っていき便益を確認することが有効である。本来必要なエネルギー量を場所ごとに把握していくことを通じ，なぜ広い場所の全体に同じ条件でエネルギーが使われることになったのかという原因や背景が見えてくることも多い。

例えば店舗ビルなら，常時買い物客が多い売り場と，必要時にしか係員の行かないバックヤードでは必要な照明や空調は異なる。広いオフィス空間では北

側と南側，直射日光の強い窓際と廊下側では，適切な照明が異なる。それにもかかわらず全体の照明や空調が一様になっているのは，例えば間仕切りがない，空調の熱源機が共通で細かい調整ができない，照明のコンセントが分かれていないなどの原因が考えられる。頻繁に人が移動してどこにどれだけの照明や空調をすべきか決められないという場合もある。

　エネルギーが必要な場所が時間によって変動する場合もある。会議室の使用時間や在室人数はしばしば変動する。広い売り場のフロアでは絶えず人が移動する。場所のミスマッチは時間のミスマッチと共通することが多い。人のいない会議室や開店前のデパートの売り場も，会議開始あるいは開店より少し前に暖房を開始し，会議終了あるいは閉店の少し前には暖房を停止すると時間と場所の両面でミスマッチの低減となることもある。便益を良く見極め，便益を損ねないでエネルギー消費を抑えることが省エネとなる。

　場所によって必要な条件が異なるにもかかわらず，一定条件でエネルギーが供給されている場合もある。加熱炉の内部では原料が耐熱式のコンベヤに乗って移動するものがある。原料は入口では常温で次第に加熱されていくので，必要な加熱条件は場所によって異なるが，炉の全体に熱ガスが一様に供給されている場合もある。場所によって熱ガスの供給量を調整したり，供給箇所を工夫したりすることで損失を低減できる場合もある。しかし，加熱炉内に原料の移動スペースを確保しなければならないため炉内に仕切りが設けられない，炉の構造上から出入口の熱風調整ができないなどの場合もある。

　また製品の品質上から均等な加熱が必要なため，熱風調整が可能であっても実施していないという場合もしばしばある。しかし中には，原料の加熱条件と炉の運転条件を別の部門や担当者が決めていて十分な調整や確認ができていない場合も多い。省エネは関係者の協力が必要であり，エネルギーフローの全体把握を通じた便益に関する情報共有が特に大切である。

　〔3〕**モノに紛れて逃げ出す損失**　エネルギーフローをまた少し上流に遡る。購入エネルギーが最終便益になるまでにはエネルギーや便益のさまざまな流れが入り組んでおり，チェーン化する際には中心に置く流れ（ここでは「メ

インストリーム」と呼ぶことにする）の選択が重要である．下流部分の検討では便益として流れる見掛エネルギーを中心に検討していけばよかったが，上流では本質エネルギーの流れに注目することも必要になってくる．

本質エネルギーはいくら使っても消えることはないが，目には見えず，いつの間にか逃げ出していく．巧みに姿かたちを変えて逃げ出そうとする本質エネルギーを見つけ出し，少しでも損失を減らすことが大切である．見掛エネルギーだけを考える場合には，エネルギーの流れとモノの流れの区別はそれほど明確ではない．このためエネルギーチェーンを横断するモノの流れに紛れて逃げ出すエネルギーを見落とす可能性があり注意が必要である．

例えばボイラには，**図5.12**に示すような燃焼というシステムと，熱利用というシステムがある．燃焼は燃料の化学エネルギーを入力，燃焼ガスの熱エネルギーを出力とするシステムである．熱利用は燃焼ガスの熱エネルギーを入力，蒸気の熱エネルギーを出力とするシステムである．このようなメインストリームのフローとは別に，燃焼システムでは燃料の一部が未燃分や不完全燃焼ガスとして化学エネルギーを持ち去ったり，灰として顕熱を持ち去ったりして，モノの流れに紛れて損失が発生している．また熱利用システムでは，モノとしての燃焼ガスの流れが，排ガスとして熱エネルギーを持ち去り損失となっている．

図5.12 マテリアルフローに伴い発生するエネルギー損失の例

4章の例題で，パウダー状の半製品を蒸気で加熱して軟化させ板状あるいは線状に成形加工し，最終製品は常温まで冷却して出荷する工場モデルを想定した．この工場モデルでは**図5.13**に示すようなエネルギーチェーンをメインス

90　5. 損失発見のエネルギーフロー

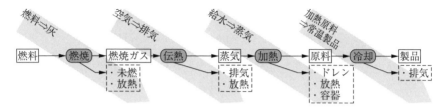

図5.13 メインストリームを横断するマテリアルフローに伴う損失の例

トリームとして，これを燃料，空気，水というモノの流れが横断していると考えることができる。入力エネルギーから最終便益までの直列型エネルギーフローの各段階でさまざまなモノが介在し，そしてエネルギーを持ち出して，損失を発生させている。このような損失の発生をできるだけ抑え，単位製品量当りの燃料消費量を削減することが省エネにつながる。

〔4〕 **エネルギーの調整で生じる損失**　エネルギーは，必要な量を必要な場所に必要な時間に供給しなければならない。しかし，エネルギーの必要量は一定ではない。過剰なエネルギーを供給して，捨ててしまっては**モッタイナイ**。エネルギー供給量の調整は不可欠である。だがエネルギー供給量を調整するとさまざまな損失が発生する。できるだけ損失が小さくなるような方法で調整しなければならない。

　エネルギー量の調整は，エネルギーチェーンの途中に調整専用のシステムを組み込む方法と，上流のエネルギー供給システムで調整する方法に大別することができる。だが調整専用システムの中には，入力エネルギーの余剰分を捨てることによって残ったちょうど良いエネルギーを便益として出力するものが多い。つまり過剰なエネルギーを調整なしで受け取り，余分な量を捨てることになり**モッタイナイ**エネルギーの利用である。

　例えばポンプで水を供給しているとき，バルブを絞って送水量を減らすことが多いが，これはポンプで加圧された水のエネルギーを捨てていることになる。モノとしての水が捨てられているわけではないが，水が保有していた本質エネルギーはバルブの圧力抵抗に打ち勝つために使われ捨てられてしまっていることになる。

似たような例は多い。例えば電力の調整には可変抵抗を用いる方法もあるが，所要電力の低下に応じ余分な供給エネルギーを電気抵抗で捨てているにすぎない。照明にシェードをかけて照度を調整するのも，エネルギーフローだけから見ればこれに近い。自動車の摩擦ブレーキも余分なエネルギーを捨てて速度を抑えることになる。

例えばポンプの流量調整であれば，インバータを用いてもともとの送水量を減らすほうがよい。電力も照明もできるだけ元の送り量で調整したほうがよい。**図5.14**に流体機器の供給量調整に伴う損失の例を示す。例えばポンプにより流量 Q_a の水を水頭圧力 H_0 の高さまで供給する場合，配管抵抗に打ち勝つために点Aで示す H_a の圧力が必要だが，バルブを絞って流量を Q_b に下げるとポンプの特性曲線に沿って点 B_v に移動し H_{bv} の圧力が必要になる。流体のエネルギーは流量と圧力の積に比例することから，流量は Q_a から Q_b に低下するものの圧力が H_a から H_{bv} に上昇するため，消費エネルギーはほとんど変わらない。

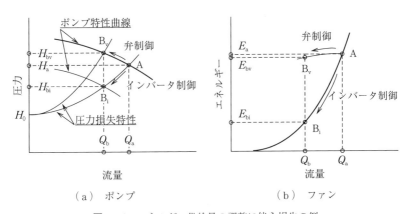

図5.14 エネルギー供給量の調整に伴う損失の例

バルブ開度が一定のまま流量を Q_a から Q_b に下げることができれば，配管抵抗は流量の2乗にほぼ比例して低下するので，圧力は H_{bi} になる。これは，例えばインバータ制御によりポンプの回転数を下げてポンプの特性曲線を移動させることによって可能となる。流量の低下に加え，水頭圧以上の部分の圧力

が流量の2乗に比例して低下するため消費エネルギーは大きく低減される。

例えばファンのように出口圧力が低い流体機械では，図5.14（b）に図示するように，圧力と流量の積であるエネルギーを縦軸にとって表示することにより，より明確にインバータの効果を見ることができる。流量 Q_a から Q_b への低減を弁制御により行う場合には，エネルギー消費量は E_a から E_{bv} へとほとんど変化しないが，インバータ制御では流量の3乗曲線に沿って変化し，E_a から E_{bi} へと大幅に低下する。例えば流量を80％に低下させるとき，インバータを用いればエネルギー消費量は $0.8^3 = 0.51$ と約半分に低下するが，ファンの吸い込みダンパ制御では96％程度にしか低下しない。

なお，必要なエネルギー量が減少したとき，余ったエネルギーをそのまま捨てずに，回収して再利用するという調整方法もある。ハイブリッド車は減速時の排出エネルギーを電気エネルギーとして回収して電池に蓄え再利用するものである。このような排出エネルギーの再利用はエネルギー回生またはエネルギー再生と呼ばれ，省エネ性に優れた調整方法の一つである。

エネルギー供給は必要量に応じてできるだけこまめに調整することが望ましいが，いかに優れた調整方法も損失を伴う。供給量増減の往復に伴うヒステリシス損失もあり，むやみに調整を繰り返すと損失が無視できなくなる可能性もある。もし便益側で都合がつけられるならば，エネルギー使用時間の集約化などにより，あまり高頻度で調整を繰り返さないように工夫することも一つの良い方法である。

〔5〕 **エネルギーの輸送で生じる損失**　エネルギーは生成された場所で使用されるとは限らない。離れた場所で使用される場合が多い。エネルギーは必要な場所に供給されて便益の生産に活用されてこそ価値がある。エネルギー輸送工程とは，エネルギーが，その生成場所で入力されて，必要とする場所で出力されるというシステムである。

エネルギーは種々の媒体に姿を変えて運ばれる。このためエネルギー媒体（energy medium）はエネルギーキャリア（energy carrier）とも呼ばれる。エネルギーを輸送することにはさまざまな損失を伴う。損失の大きさはエネル

ギー媒体の種類，輸送距離，輸送密度などの諸条件によって異なる．輸送に伴う損失の種類，発生の原因などに注意して輸送方法を選択することによってエネルギー損失を削減できる可能性がある．

　流体を配管で輸送するとき，配管の摩擦などによる圧力抵抗が生じるので，輸送先で必要なエネルギーとは別に，これに打ち勝つだけのエネルギーを供給しなければならない．抵抗係数をR，流速をVとすれば，輸送工程のためにRV^3の追加エネルギー供給が必要となり，これが輸送工程で発生する損失ということになる．流速Vを下げることによって流速の3乗に比例してエネルギー損失を低減することができる．

　同様にして，電気エネルギーは電圧Vと電流Iの積であり，電気抵抗による電圧損失は電流の1乗に比例するので，電力輸送に伴うエネルギー損失は電流Iの2乗に比例することになる．高圧送電により電流Iを低下させれば，電流の2乗に比例してエネルギー損失を低減することができる．

　エネルギーの輸送損失は輸送距離に比例する．電力を輸送するケーブルも，流体を輸送する配管も，長いほど損失が増えることは当然である．熱エネルギーも輸送距離が長いほど放熱損失が増える．エネルギーフローをよく整理してエネルギーの供給元と使用先を把握し，輸送距離や流路を対比し，輸送ルートの複雑化による無駄なケーブル長や配管長をできるだけ減らすことが好ましい．

　自動車，電車，航空機，船舶などの輸送機関が受ける空気あるいは水の抵抗も速度の3乗に比例する．特に船舶はほぼ水平移動のため，所要推進動力は速度の3乗にほぼ比例する．したがって，低速で運航できれば大幅な省エネが期待できる．もちろん運航時間が長大化して輸送機関としてのサービス便益の価値を損ねてしまってはいけないが，無駄時間の低減などの工夫によってわずかでも運航速度を低減できれば，運航エネルギーが3乗に比例して低減する．

　われわれが日常使用する電力の大半は交流だが，電流と電圧の位相がずれると輸送できるエネルギーの割に損失が増える．このため工場等では電源盤に進相コンデンサを設け，電流と電圧の位相を調整して損失を減らすことが行わ

れ，基本的な省エネ手段の一つとなっている。

　工場等では三相交流で配電され，所内のいろいろな場所で二相を取り出して使うことがよく行われている。取り出すエネルギー量が三相間でバランスがとれていないと，使用するエネルギー量の割に損失が増える。三相のバランスをとることも基本的な省エネ手段の一つである。

　同じ量のエネルギー媒体を輸送するなら，エネルギー密度が大きいほど損失割合を小さくすることができる。電力の高圧送電は電流当りのエネルギー密度を高めるものという見方もできる。受電後に変圧器で損失が発生するが，それまでの送電距離が長ければ十分に元がとれる。海外から日本に天然ガスを輸入する際，液化天然ガス（LNG）としてタンカーで運ばれるのも同様だ。気体と液体ではエネルギー密度が約3桁違うので，液化にエネルギーを使っても輸送エネルギーや輸送コストの低減で十分に元がとれる。

　大きなビルでは地下などの機械室で作った冷水を各フロアに送り空調に使用している。行き帰りの温度差が大きいほどエネルギー密度が大きく送水量が少なくて済むので，ポンプ動力の低減が期待できる。しかし温度差が大きくなると，後述のように熱源機ヒートポンプの効率が低下してエネルギー消費が増大するので，例えば往路7℃，復路12℃というように適度な温度差に設定する必要がある。

〔6〕**規模のミスマッチが招く固定エネルギーの増大**　　固定エネルギーの削減は省エネの重要テーマの一つである。固定エネルギーとは，**図5.15**（a）に示すように，便益の大きさにかかわらず固定的に一定量が消費されるエネルギーのことである。固定エネルギーが大きいと便益が減少してもエネルギー消費量が減らず，原単位が増大することになる。出力便益とエネルギー使用量の関係が図5.15（b）に示すような曲線状の非線形特性となる場合もあり，やはり便益を小さくしても思ったほどエネルギー使用量が減らない。

　これらには種々の発生原因が考えられるが，システムの規模が所要の出力便益に比べ過大である場合が多い。機器設備は，一般的に規模が大きいほどエネルギー効率が高い。例えば，加熱設備は内容量が寸法の3乗に比例するのに対

5.3 損失発見の着眼点

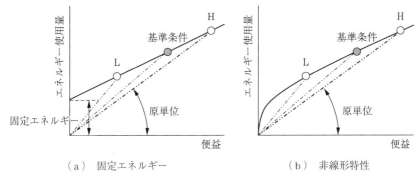

図 5.15 負荷変動の損失割合への影響

し，放熱面積は寸法の 2 乗に比例するので，内容量当りの放熱損失は寸法に逆比例する。配管の流路断面積は径の 2 乗に比例するが，摩擦面積は径の 1 乗に比例するため，流量当りの摩擦損失は径に逆比例する。しかし実際に必要とされる規模に比べ設備規模が過大だと，固定エネルギーの影響で大きな損失が発生する。

　機器設備は導入時点に想定される出力便益を基準条件として，ある程度の余裕を見込んで選定あるいは設計されていることが多い。このため例えば図 5.15 の点 H のように基準条件より便益が大きい場合は原単位が低減するが，図の点 L のように基準条件以下で操業され原単位の増加要因となっていることが多い。特に市況の低迷などにより生産量が低下したような場合に，このような規模のミスマッチにより，大きなエネルギー損失が生じやすい。

　工場等では多数の機器設備が使用され，導入時期もさまざまである。基準条件とした便益規模もさまざまである。また，特定の便益と関係づけにくい共用設備もあり，基準条件の設定が難しいために，かなりの余裕が見込まれていることも多い。エネルギーフローはできるだけきめ細かく分析し，所要の便益に見合った設備規模とすることが損失低減につながる。

　所要の出力が大きく変動し，適正規模の見極めが難しい場合には，設備の大規模化によるスケールメリットを追求するよりも，小型の設備機器を複数設置して所要出力に応じて運転台数を変更する台数制御も良い方法である。コンプ

レッサや貫流ボイラなどに関してしばしば採用される省エネ対策である。汎用型の小規模設備機器のほうが，需要の少ない大型機よりも単体設備の性能が向上して高効率である場合も多い。

共用設備は運用面でも過大な余裕が見込まれることが多い。例えば工場によっては休日や夜間にもコンプレッサが運転され，固定エネルギーとなっている場合もある。圧縮空気はレシーバタンクに蓄えられ，圧力が高まるとコンプレッサは自動停止することから休日も電源を入れたままにされることも多いが，各部のエア漏れなどにより固定エネルギーが発生する。エア漏れ対策を実施するとともに，小型コンプレッサに分割して，圧空の用途や必要時間や必要量を把握して運転台数を工夫することで固定エネルギーの低減が期待できる。

〔7〕 **潜熱に紛れて生じる損失**　水蒸気はさまざまな分野で活用される優れた熱媒体だが，その特徴は大きな潜熱にある。潜熱とは，文字通り隠れたエネルギーであり，熱エネルギーの中でも特につかみ所がない。このため，直感的に把握しにくく**モッタイナイ**使われ方をされやすく，思わぬ損失発生の原因になっていることが多い。

水蒸気の生成には，例えば燃料を燃焼して熱ガスとし，熱ガスで給水を加熱して蒸発させるなどの上流のエネルギーチェーンが必要で，その分だけエネルギー損失やコストアップが生じている。したがって，熱ガスなどの他の熱媒体にはない特性を十分に確認し，そのメリットを上手に活用することが重要である。

液体の水を大気圧下で加熱していくと，図5.16に示すように，100℃で温度上昇がいったん停止し，すべての液体が蒸発すると再び昇温し始める。液体の水が共存している状態の蒸気は飽和蒸気と呼ばれ，液体がなくなってからさらに昇温した蒸気は過熱蒸気と呼ばれる。

熱媒体として用いる水蒸気は，通常は飽和蒸気である。飽和蒸気は100℃まで昇温する際に供給された顕熱と，100℃で蒸発する際に供給された潜熱が蓄えられている。蒸発潜熱は顕熱の5.4倍と大きい。熱媒体として用いる場合にはもっぱら潜熱を利用する。この潜熱を用いれば，比較的低温，低流量で大き

5.3 損失発見の着眼点　97

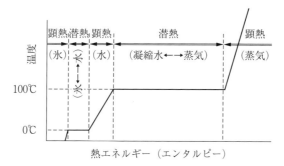

図 5.16　水の状態変化と潜熱

な熱エネルギーを供給できる。

　飽和蒸気は圧力と温度が1対1に対応し，例えば大気圧では100℃である。これは，過熱蒸気，熱ガス，熱媒油，温水などの他の熱媒体と異なる大きな特徴である。このため蒸気は圧力によって温度の設定や制御が可能である。温度の設定は一般的に時間を要し，バラつきを生じやすい。しかし飽和蒸気を用いれば，短時間で均一な温度に制御することができる。局部的な高温加熱によって，熱変質や着火の恐れがあるような場合にも飽和蒸気による均質加熱は効果的である。

　飽和蒸気の温度と圧力の関係は飽和蒸気表などで容易に知ることができ，種々の近似式もある[17]。さらに簡単に図 5.17 に示すように圧力が温度の4乗に比例すると近似することもできる。このようにとらえると，高温になると圧

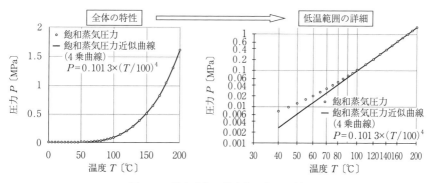

図 5.17　飽和蒸気の温度と圧力の関係

力が急上昇することなどが感覚的に容易に認識できる。

また潜熱は，図5.18（a）に示すように高温高圧になるに伴い低下することも大きな特徴である。同図（b）に示すように，臨界温度（374℃）では水と蒸気の区別がなくなり潜熱はゼロとなる。加熱の主目的が熱エネルギーの供給で特に高温を要しない場合には，できるだけ低温低圧の蒸気を使ったほうが利用できる潜熱が大きいので有利である。

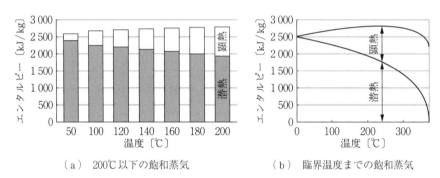

（a）　200℃以下の飽和蒸気　　　　　（b）　臨界温度までの飽和蒸気

図5.18　蒸気温度と潜熱の関係

このほかに伝熱能力が非常に大きいことも飽和蒸気の優れた特徴の一つであり，顕熱加熱に比べ伝熱面積が小さくて済む。熱媒体として燃焼ガスなどを用いた顕熱加熱と，飽和蒸気を用いた潜熱加熱のイメージを比較すると図5.19に示すようになる。顕熱加熱では伝熱壁温度が熱媒体温度と被加熱物温度の中間程度であるのに対し，潜熱加熱では伝熱壁温度が熱媒体温度にほぼ等しくな

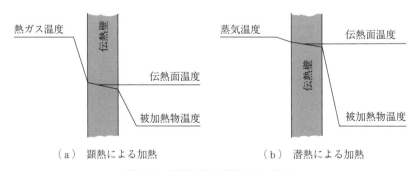

（a）　顕熱による加熱　　　　　　　（b）　潜熱による加熱

図5.19　顕熱加熱と潜熱加熱の比較

り，また均一である．また温度変動の余裕代もほとんど不要なため，同一条件の顕熱加熱に比べ熱媒体温度を低くすることができる．

一方で飽和蒸気は伝熱能力が高いので，配管などからの放熱損失が大きくなることに注意が必要である．一般に高温流体の配管は断熱が重要だが，飽和蒸気配管は特に重要である．バルブなどのように形状が複雑なものはメインテナンスの便宜上もあって保温されていないことも多いが，飽和蒸気配管ではたとえ簡易なものでも保温を行うことが大切である．

飽和蒸気の熱エネルギーのうち，加熱に活用されるのはおもに潜熱部分であり，顕熱部分はドレン（凝縮水）の熱エネルギーとして排出される．ドレンが滞留すると蒸気流の阻害，配管の振動などの障害のほかに，ドレンが顕熱を放出して温度低下するという問題もある．この結果，温度分布を生じせっかくの均一加熱という飽和蒸気の特徴が損なわれる．凝縮水はできるだけ滞留させないようにスチームトラップの適切な配置などが大切である．

図5.17に示したような飽和蒸気の温度と1対1で対応する圧力とは，じつは飽和蒸気の分圧である．加熱器内に蒸気以外の気体，例えば空気が残留していると，その分だけ蒸気の分圧が低下するので温度も低下する．残留空気濃度の不均一分布などによる温度ムラを生じることもあり，エア抜きが大切である．

大気中で原料に蒸気を直接噴射する方法は，加熱プロセスとしてはあまり効率的ではない．いかに高温高圧の蒸気を用いても，大気中に噴射すれば蒸気の分圧は最大でも大気圧にしかならず，飽和温度は100℃が上限である．照射面付近だけが過熱蒸気によって局部的に加熱される場合もあるが，顕熱加熱だけなので伝熱速度が小さく供給熱量も小さい．

前述したような水蒸気の種々の特徴は，乾燥プロセスや空調などのように水の蒸発が関連するさまざまな分野でも大切である．この場合は，図5.17は主として温度と水蒸気分圧の関係としてとらえることになる．水蒸気分圧は空気中の湿度と関係づけられ，空気も介在するため，湿り空気線図[18]を用いる方法も確立されていて，常温付近での省エネを検討するためには特に便利である．

湿った原料を乾燥加熱するプロセスでは，乾燥が進まないうちは原料の温度は70〜80℃程度である。原料温度が上昇し始めるのは，乾燥が進んで原料内部の水分移動が熱供給に追いつかなくなってからである。例えば湿った原料を450℃まで加熱する場合，全工程に500℃の熱ガスを供給するのは無駄が大きい。10m近い長いトンネル炉を500℃近い熱ガスで一様に加熱しても，原料温度は入口から7〜8mまでは80℃程度とほぼ一定で，最後の2〜3mでようやく昇温していく。バッチ式の大きな加熱炉に500℃の熱ガスを5〜6時間供給し続けた場合も，原料温度は最初の4時間ほどは80℃程度で，最後の1〜2時間でようやく昇温していく。

　十分な水分を含む原料が乾燥していくときの温度は乾湿球式湿度計の湿球温度に相当し，乾燥用熱ガスや環境空気の湿度に大きく左右される。乾燥プロセスは，単に加熱するだけでは進まない。蒸発した水分を運び出す十分な空気が必要である。空気が不足だと湿度の上昇により湿球温度も高まり，高温の熱ガスが必要になって無駄が多い。

　夏場の冷房も湿度を下げることが効果的である。発汗からの蒸発により人体からの抜熱が進む。体感温度は乾球温度だけでなく湿球温度に大きく影響を受けることになる。夏場の省エネ対策として打ち水が見直されている。微細な霧を噴霧するドライミストの効果も注目されている。ミストの蒸発による抜熱で，地面の温度や気温を湿球温度まで低下させることができる。開放空間ならば湿度の上昇の影響はあまりなく，省エネ効果が期待できる。

　エアコンの室外機への散水，屋根への散水なども，室内の湿度上昇の影響はあまりないので，省エネ効果が期待できる。室外機の温度を湿球温度まで下げればCOPも大きくなる。ゴーヤなどのグリーンカーテンも効果的だ。夏の強い日射を防ぐだけではなく，葉の表面などから水分が蒸発し，付近の気温が湿球温度近くまで低下する。

5.3.3 エネルギー変換損失

〔1〕 **熱エネルギーの質の低下を抑制**　つぎにエネルギー変換の損失について考えていく。エネルギー変換は入力も出力もエネルギーとなるシステムであり，本質エネルギーを考慮に入れる必要がある。本質エネルギーの総エネルギー量は変換しても量は減らないが，有効エネルギー率が減少すると質が低下し，用途が減少して損失となりやすい。

　質の変化が最も著しいエネルギーは熱である。そこで，まず熱から熱へのエネルギー変換を考えていく。図5.11で見たように，熱の有効エネルギー率は温度が低下すると大きく減少する。したがって，高温媒体から低温媒体に顕熱を移動させて低温媒体を目標温度まで昇温する熱交換では，高温媒体の温度低下を最小限度に抑えることが大切である。

　熱交換における熱効率は，入力熱のうちで有効利用されて出力便益の熱となった割合である。代表的な熱交換方式として，高温媒体と低温媒体を同一方向に流す並流熱交換と，逆方向に流す向流熱交換がある。並流式より向流式のほうが高効率であることは容易に想起できると思われるが，「ティータイム」（並流熱交換と向流熱交換の効率の比較）に比較を整理したので参考にしていただきたい。

　並流式と向流式の差はこのように熱効率を比較しても明らかだが，関係する熱エネルギー全体としての温度低下に伴う有効エネルギー率の低下の違いという考え方もできる。高温の熱は有効エネルギー率が高くできるだけ大切に使うべきであり，同じ出力便益を低温の熱で得ることができるのであれば，そのほうが有効エネルギーの損失を抑えることができる。

　工場には多数の加熱器や冷却器が併設されている場合も多い。冷却器とは高

◆**ティータイム**

並流熱交換と向流熱交換の効率の比較
　代表的な熱交換方式として並流熱交換（**図**（a））と向流熱交換（図（b））がある。加熱媒体と被加熱材料が並流式では同一方向，向流式では逆方向に流れる。加熱媒体の供給熱量 Q_{IN} のうち，加熱媒体から被加熱材料に移動する熱

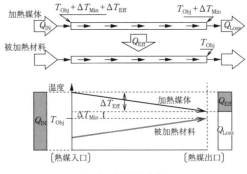

(a) 並流熱交換

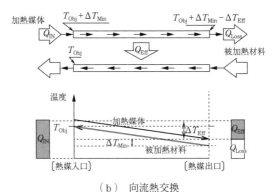

(b) 向流熱交換

図 並流熱交換と向流熱交換

量 Q_{Eff} が出力便益で,残りの Q_{Loss} が損失である.簡単のため顕熱だけを考えれば熱量は温度に比例するので,Q_{IN} は加熱媒体の入口温度,Q_{Eff} は加熱媒体の出入口温度差に比例する.

熱交換の目的が低温の被加熱材料を所定温度まで昇温することである場合,被加熱材料の出口温度 T_{Obj} は並流式,向流式に共通である.伝熱に必要な最小限の温度差を ΔT_{Min} とすると,被加熱材料の出口における加熱媒体の温度は両方式ともに $T_{\text{Obj}} + \Delta T_{\text{Min}}$ となる.

加熱媒体の入口温度は,向流式では $T_{\text{Obj}} + \Delta T_{\text{Min}}$ に等しいが,並流式では被加熱材料へ Q_{Eff} が移動することによる温度変化を ΔT_{Eff} とすると $T_{\text{Obj}} + \Delta T_{\text{Min}} + \Delta T_{\text{Eff}}$ となって Q_{IN} が大きくなる.このため向流式のほうが効率 $Q_{\text{Eff}}/Q_{\text{IN}}$ が明らかに高く,損失 Q_{Loss} も小さい.

温の原料を冷却して低温の製品を生産するものであり,排熱が発生する。一方,加熱器とは低温の原料を加熱して高温の製品を得るものであり,給熱を必要とする。したがって,冷却器の排熱を加熱器の給熱として活用できればエネルギー消費の削減となる。この場合も,関係する熱エネルギー全体として温度低下に伴う有効エネルギー率の低下を抑えることが大切である。

例えば図 5.20 に示すように,AおよびBという二つの冷却器とCおよびDという二つの加熱器がある場合,どの冷却器の排熱をどの加熱器の給熱に活用するかは重要である。高温の排熱は高温の給熱として活用し,低温の排熱は低温の給熱として活用したほうがよいことは,容易に推察されるだろう。

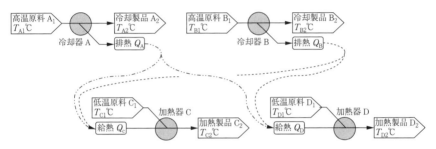

図 5.20 冷却すべき高温材料,加熱すべき低温材料が複数存在するモデル

より詳細に検討するためには,ピンチテクノロジー[19]という手法が知られている。与熱側と受熱側の熱交換器群のそれぞれを一つの熱交換器と見なした与熱複合曲線,受熱複合曲線と呼ばれる熱量と温度の関係曲線を作成し,二つの

ティータイム

ピンチテクノロジー

冷却すべき複数の流体があるとき,各流体から放出される同一温度の熱エネルギーは同等の価値があるのでまとめて有効利用を考えればよい。例えば T_{A1} ℃から T_{A2} ℃に冷却すべき流体Aと,T_{B1} ℃から T_{B2} ℃に冷却すべき流体Bを考える。その温度変化範囲に重複がある場合,熱エネルギーと温度の関係を図 1(a)に示すように別々に考える代わりに,図(b)に示すように共通温度範囲について両流体をまとめるなどの方法で,1本の折れ線で表示したものを与熱複合曲線という。

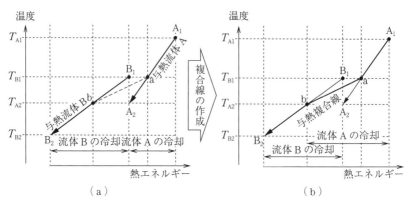

図1 与熱複合曲線

　加熱される側の複数の流体についても，同様の受熱複合曲線を考えることができる。**図2**に示すように，二つの与熱流体A，Bと，二つの受熱流体C，Dの複合曲線を熱エネルギー軸に平行に移動させ，最接近点を熱交換に必要な最小温度差まで追い込むことで損失を最小化することができる。この最接近点をピンチポイントということから，このような手法をピンチテクノロジーと呼ぶ。このようにすることにより，図に見るように余剰となって廃棄される熱量が減り，新たに供給しなければならない不足熱量も最小となり，熱効率が最大化する。

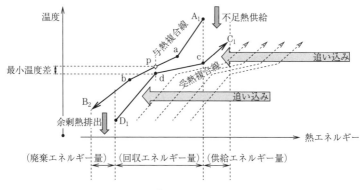

図2 ピンチテクノロジー

複合曲線をできるだけ近づけていけば，活用できない余剰排熱を最小限にし，新たに必要となる給熱を減らすことができる。

　ピンチテクノロジーの概要を図5.20の例を題材に「ティータイム」（ピンチテクノロジー）にまとめたので参考にしていただきたい。省エネでは適材適所が有効である。ピンチテクノロジーは熱エネルギーの適材適所を図る典型的な省エネ手法の一つである。さまざまなエネルギー利用で，エネルギー源と需要先の適性の不一致から無駄が生じている。エネルギーの使い方を適材適所の視点から見てみると，本来はもっと有効に活用できるはずの**モッタイナイ**使い方が発見できる可能性が大きい。

　〔2〕 **電気は上手に大切に利用**　　電気は最も身近で便利なエネルギーである。電気さえあれば湯も沸かせ，照明もでき，電車や電気自動車を使って移動もできる。ガスコンロも，ろうそくも，ガソリンもいらない。しかし電気は非常に高品質なエネルギーである。電気はできるだけ上手に大切に利用しなければならない。

　電気を発生させるためには，例えば熱機関において熱ガスや蒸気などの熱エネルギーを回転などの運動エネルギーに変換し，発電機を回転させることが必要である。運動エネルギーや電気は有効エネルギー率が100％だが，これに比べ熱の有効エネルギー率はかなり低く，特に常温付近では極端に低下する。したがって，電気や運動エネルギーは熱から有効エネルギーだけを濃縮して取り出したものと考えることができる。このような濃縮作用を行うシステムが熱機関である。

　したがって熱機関の効率は最大でも入力熱の有効エネルギー率 ε であり，実際の効率は種々の損失によって ε より小さくなる。有効エネルギーのフローから見た熱機関の効率について「ティータイム」（熱機関の効率と有効エネルギーの濃縮）にまとめたので参考にしていただきたい。

　例えば熱エネルギーの有効エネルギー率が25％ならば，有効エネルギー率100％の回転エネルギーや電気エネルギーは少なくとも4倍に濃縮しなければ得られない。われわれが日常必要とする熱は比較的低温である。いかに便利だ

ティータイム

熱機関の効率と有効エネルギーの濃縮

　熱機関では熱が運動エネルギーに変換され，また多くの場合これが発電機でさらに電気に変換される。このエネルギーフローを図に示す。熱の有効エネルギー率 ε_Q は温度によって大きく変化するが，運動エネルギーや電気の有効エネルギー率は100%で変化することはない。入力熱の本質エネルギーの総量 E は保存されるが，その有効エネルギーは保存されるとは限らない。熱の有効エネルギー $\varepsilon_Q E$ が保存され，他に損失がない場合に出力便益 B が最大となる。これが理論出力便益 $B_t = \varepsilon_Q E$ であり，理論効率は $\eta_t = B_t/E = \varepsilon_Q$ となり，入力熱の有効エネルギー率 ε_Q と一致する。

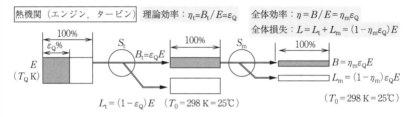

図　熱機関のエネルギーフロー

　実際の熱機関の効率は補正効率 η_m を乗じた $\eta = \eta_m \varepsilon_Q$ となる。η が ε_Q を超えることはないので，η_m は1.0以下である。ε_Q の小さい低温の入力熱を用いた熱機関の効率には，自ずと限界がある。このため熱機関の高効率化は，直接的には入力熱の高温化が最も有効であり，例えば1700℃級の超高温ガスタービン，566℃以上の超々臨界蒸気タービンなどの技術開発が進められている。

　本書では厳密な有効エネルギー率の代わりに，熱エネルギーが温度 T_Q [K] の熱源から供給され，環境温度 T_0 [K] に排熱する理想的な熱機関（カルノーサイクル）の効率 $\varepsilon = (T_Q - T_0)/T$ を用いている。なお，熱エネルギーの有効エネルギー率は，環境温度より低温になると再び上昇するが，環境温度 T_0 の熱エネルギーを低温 T_C に排出するカルノーサイクルを想定すれば $\varepsilon = (T_0 - T_C)/T_0$ という簡易式で表される。

からといって，有効エネルギー率がわずか数％で済む暖房や給湯などの用途に，100％濃縮液のような電気エネルギーをそのまま使うことは，せっかく濃縮した有効エネルギーを捨ててしまうことであり**モッタイナイ**。

エネルギー変換だけを考えれば，電気を熱に変換することは本来は好ましくない。しかし，電気には目的とする物体を集中して加熱できるという特徴がある。このため，対象物を包蔵した設備や容器などの風袋，周囲の環境空気まで昇温したりする割合が小さくて済む場合が多い。また，短時間で加熱を開始したり停止したりできるので，準備などのための長時間の加熱などの無駄を避けることができる場合もある。

このように，エネルギー利用，便益活用のすべてのシステムの効率を掛け算したエネルギーチェーン全体としての損失の低減を考えた場合には，電気を用いて加熱したほうがよい場合も多い。このほかにも，例えばプリンタの熱転写のように精密な制御が必要なため，電気を使わなければ不可能な加熱もある。金属の溶融などの高温加熱プロセスのように電気を用いなければ困難なものもある。

だが，熱機関の効率は入力熱の有効エネルギー率を超えないことも忘れてはならない。電気が熱に変換され，いったん温度が低下してしまうと再び電気に変換することは難しい。環境温度に近づくに伴い，濃縮すべき倍率が急激に増大し，再び電気に戻すことの現実性は著しく低下する。低温熱もできるだけ回収して有効利用すべきであるが，低温熱には低温熱に適した適材適所のエネルギー利用を工夫するほうがよい。一方，電気には電気でなければならない用途にできるだけ集中することが望ましい。

〔3〕 **ヒートポンプを上手に活用**　電気は熱の有効エネルギーを濃縮することによって得られる高品質エネルギーであり，高濃度のまま熱として使うのは**モッタイナイ**。しかし有効エネルギーをできるだけ失わないようにしながら，これを適度な濃度まで希釈して適温の熱として使えば効果的である。このような作用を果たすものがヒートポンプである。

われわれが身の回りで使う熱エネルギーのかなりの部分は100℃以下で，有

効エネルギー率は非常に小さい．例えば有効エネルギー率100％の電気エネルギーをそのまま使うのは**モッタイナイ**が，ヒートポンプを用いて適度に希釈して使えば有効エネルギーの損失を抑え省エネになつながる．

　ヒートポンプは冷暖房，給湯，冷凍，冷蔵などさまざまな用途に活用されている．具体的な作動原理はいくつかの方式があり，詳細なエネルギーフローは方式によってかなり異なるが，一言でいえば熱機関を逆作動させたものである．熱機関は高温から低温に熱エネルギーを移動させて電気などの高品質エネルギーを取り出すが，ヒートポンプは低温から高温に熱エネルギーを移動させるために電気などの高品質エネルギーを注入する．

　ヒートポンプは省エネを検討する上で非常に重要だが，有効エネルギー率との関係を理解しておくと便利である．「ティータイム」（熱機関とヒートポンプの関係）に熱機関とヒートポンプのエネルギーフローの対比をまとめているので参考にしていただきたい．

　ヒートポンプの出力便益 B は，暖房などでは温熱，冷房などでは冷熱であり，入力エネルギー E は外部から供給される高品質エネルギーである．効率に相当する入力エネルギー E 当りの出力便益 B は成績係数 COP と呼ばれる．ヒートポンプではエネルギーフローの入力と出力が熱機関の逆になるので，COP は熱機関の効率の逆数に相応する．このため入力エネルギー E が有効エネルギー率100％の電気などの場合であれば理論 COP が100％を超える．また，ヒートポンプで汲み上げる温熱または冷熱が環境温度のときは有効エネルギーがゼロとなるので，COP は出力便益の温熱または冷熱の有効エネルギー

◆──（ ティータイム ）──────────────────────◆

熱機関とヒートポンプの関係

　熱機関の内部ではガスや蒸気の圧縮と膨張，昇温と降温の熱サイクルが繰り返され，ピストンの上下動や翼車の回転などの運動エネルギーが出力される．ヒートポンプの内部では熱媒の圧縮と膨張や，ブラインと呼ばれる塩水の吸湿希釈と加熱濃縮に伴う潜熱の吸収と放出のサイクルが繰り返されて，熱エネルギーが低温から高温に移動される．

熱機関とは，燃焼ガスなどの高温媒体から熱量 Q_H が入力されて，そこから有効エネルギー率100%の電気などの高品質エネルギー P を取り出し，低温の熱量 Q_L を環境などへ排出するものである。図（a）に熱機関のエネルギーフローを示す。左から右へ向かう流れとなっている。この場合の便益 B は高品質エネルギー P ということになる。

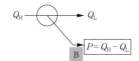

（a）熱機関（エンジン，タービン）

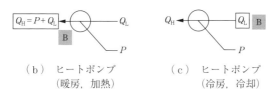

（b）ヒートポンプ　　　　（c）ヒートポンプ
　　（暖房，加熱）　　　　　　（冷房，冷却）

図　熱機関とヒートポンプの関係

暖房や加熱に使用されるヒートポンプのエネルギーフローも基本的には同じ形だが，図（b）に示すとおり，熱機関とは逆方向の右から左に向かう流れとなっている。電気などの高品質エネルギー P を用いて環境空気などから低温の熱量 Q_L を汲み上げ，環境温度より高温の熱量 Q_H に変換して暖房空間に供給する。したがって，この場合には高温熱 Q_H が便益 B ということになる。

冷房や冷却に用いるヒートポンプも，図（c）に示すとおりエネルギーフローも同じ形で，流れ方向も右から左に向かっている。ただしこの場合は，低温の熱量 Q_L を冷房空間や冷蔵庫の庫内などから抜熱して高温の熱量 Q_H を環境空気などに放出するので，Q_L が便益ということになる。熱の有効エネルギー率 ε は，その温度が環境温度に等しいときにゼロと定義され，それより低温になると再び増加する。このため，冷房や冷却では Q_H より Q_L のほうが ε が大きく高品質ということになる。

なお，外部から供給される高品質エネルギー P は，総エネルギー量としては暖房の場合も冷房の場合も高温側に移動し $Q_H = Q_L + P$ となるが，有効エネルギーとしては暖房などでは Q_H，冷房などでは Q_L と出力先が異なることにも注目していただきたい。

率の逆数$1/\varepsilon$となる。「ティータイム」(ヒートポンプの性能評価)にヒートポンプのCOPと有効エネルギーのフローの関係を整理しているので参考にしていただきたい。

各種の損失の影響を補正効率η_m(ただし$\eta_\mathrm{m}<1$)で表すと,実際のCOPは$\eta_\mathrm{m}/\varepsilon$となる。$\eta_\mathrm{m}$は理論的に定量把握することが難しい場合も多いが,そのような場合でもCOPが出力便益のεに反比例するということを知っておくと,損失の発見や対策の検討には便利である。

例えば暖房温度を過度に高く設定することや,冷房温度を過度に低くすることは出力便益の有効エネルギー率を大きくすることであり,COPの低下を招くことになる。ビルの機械室の熱源機から冷水を各フロアに送水する場合,冷水の低温化は送水量低下に伴う送水ポンプの動力低減の効果があるが,過度に低温とすると熱源機のCOPが大きく低下して不利な場合が多い。

また,ヒートポンプで汲み上げられる側の温熱や冷熱の質もCOPに大きく影響する。環境空気の代わりに,例えば工場排水,下水,河川水などのように少しでも有効エネルギーを含む廃熱を暖房などのヒートポンプで回収すれば,入力エネルギーEとして供給しなければならない有効エネルギーが少なくて済むことになり省エネ効果が大きい。

廃熱も省エネ法ではゼロ評価することができる。近年の省エネ法改正では,例えばある工場で生産を継続するためには発生が不可避だが,その工場では利用価値がなく廃棄せざるを得ないような廃熱もゼロ評価できるようになった。このような廃熱をそのまま利用できる用途は限られるが,少量のエネルギーEを入力に加えて有効エネルギー率を少しだけ増加させれば,活用の可能性がかなり広がることが期待できる。

冷房などでは放熱先の温度が低いほどCOPが大きくすることができる。例えば冷房の室外機は直射日光を避けたり,散水したりすることで大きな省エネが期待できる。放熱先が環境温度よりも低温であれば,その分だけ冷熱としての有効エネルギー率が増加するので,入力エネルギーで供給しなければならない有効エネルギーが少なくて済むからである。

ティータイム

ヒートポンプの性能評価

暖房などのヒートポンプは電気などの高品質エネルギー E を用いて，空気などの低品質エネルギー A を汲み上げ，理論出力 $B_t = E + A$ を得る。図にヒートポンプのエネルギーフローを示す。ヒートポンプの性能は，熱機関の効率と同様に入力エネルギー当りの出力便益で評価するが，効率とは呼ばれず成績係数 COP（coefficient of performance）と呼ばれる。暖房の理論成績係数は $COP_{Ht} = B_t/E = (E+A)/E = 1 + A/E$ となる。入力側（分母側）の A は汲み上げられる環境エネルギーであるため，見掛エネルギー量としてはゼロ評価されている。

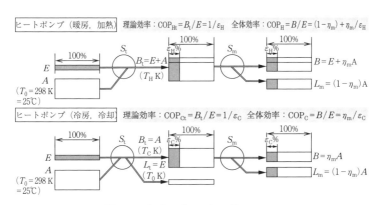

図　ヒートポンプのエネルギーフロー

冷房などのヒートポンプでは使い終わったエネルギー E は温廃熱などとなって理論出力は $B_t = A$ となる。このため理論成績係数は $COP_{Ct} = B_t/E = A/E$ となり，暖房などの COP と比べると 1.0 小さい。

入力エネルギー E の有効エネルギー率が 100%，汲み上げられる熱エネルギー A の有効エネルギー率が 0% の場合，理論上の COP は暖房用，冷房用などともに出力の温熱または冷熱の有効エネルギー率（ε_H または ε_C）の逆数となる。実際のヒートポンプで汲み上げられる環境エネルギーは，各種の損失を考慮した補正効率 η_m を乗じた $\eta_m A$ となり，これに応じて COP も低下する。

入力エネルギー E の質も COP に大きく影響する。有効エネルギー 100％の電気エネルギーを用いた電気式ヒートポンプの COP は，熱エネルギーを用いる吸収式ヒートポンプの COP の約3倍と大きい。しかしこれは発電の段階で熱の有効エネルギーを約3倍に濃縮していることの影響が大きく，エネルギーフローで考える場合には，電気を生成した場合の効率を考慮する必要がある。

〔4〕 **負荷に紛れて生じる損失**　エネルギーを使用する設備では負荷という言葉がしばしば使われる。設備に負荷がしっかりかかっていると，設備が効果的に機能し，便益が順調に出力されていると考えがちだが，必ずしもそうとはいえない。負荷とは何かをよく考えておかないと，負荷に紛れてエネルギーを損失する恐れがある。

便益は，エネルギーフローの下流にいくに従い定量が難しくなるため，下流のシステムでは出力便益の代用として入力エネルギーをそのまま用いることが多いが，この場合はシステムで発生する損失も出力便益としてとらえていることになる。このため負荷を便益と一体視しがちだが，便益とは異なる。下流のシステムでは区別が難しい場合もあるが，上流のエネルギー変換システムでは便益と負荷をできるだけ区別すべきである。

エネルギーチェーンは多数のシステムが直列に接続されており，損失の発見のためには，できるだけきめ細かく多数のシステムに分割してエネルギーフローを検討することが望ましい。しかし現実的にはなかなか難しいことから，連続した二つのシステムを一つのシステムにまとめて検討することが多く，このような場合に便益と負荷の一体視が生じやすいので注意を要する。

図 **5.21** のようなエネルギーチェーンでは，上流のシステムの出力が負荷である。なお，上流システムの入力エネルギーがすべて負荷に変換されるという

図 **5.21**　負荷の考え方

わけではなく，負荷とは別に上流システムの損失もある．負荷は上流システムの出力便益であると同時に下流システムの入力でもある．だが下流システムで負荷のすべてが出力便益となるわけではなく，一部は下流システムで発生する損失となる．つまり上流システムの出力は全負荷と呼ぶべきものであり，下流システムで有効負荷と無効負荷が出力されると考えることができる．

負荷の具体例を**表5.2**に示す．例えば扇風機の電動機の負荷は羽根の回転エネルギーだが，真の便益は羽根が産み出す風のうち役に立つ部分であり，発生した空気流の負荷の一部は渦などの損失になったり，目的外の方向に吹きだしたりしている．

表5.2 負荷の例

全体システム	上流システム			下流システム		
	入力エネルギー	システム	上流出力	全負荷	システム	有効負荷(便益)
			上流損失			無効負荷
扇風機による送風	電気エネルギー	電動機	回転エネルギー	羽根車の空気抵抗など	扇風機	風
			電気抵抗，機械摩擦等			渦流，流体摩擦，漏風
ストーブによる暖房	ガス燃料	ガスストーブ	熱エネルギー	必要な暖房熱量	居室	暖房
			燃焼損失等			壁や窓からの放熱，漏気
自動車による移動	ガソリン	エンジン	推進エネルギー	走行抵抗，慣性など	自動車	人の移動，荷物の運搬
			排熱			車体荷重，接地抵抗等

ガスストーブは熱エネルギーを出力するが，その一部は壁や窓から放熱したり換気や隙間風として漏気したりする無効負荷で，真に暖房に役立った熱エネルギーだけが便益といえる．

自動車のエンジンが出力する推進エネルギーのうち，一部は車体の移動やタイヤの接地抵抗などで失われる無効負荷で，人の移動や荷物の運搬などの本来の目的に使われるのは残りの一部である．

空調に用いられるヒートポンプは，外気から温熱または冷熱を室内に移動させるものであり，室温に比べ外気温が低いときには暖房，高いときには冷房運転が行われる．いずれの場合でも低温から高温に熱を移動させることが基本的な機能であり，この逆の高温から低温への熱の移動には，入力エネルギーは理論的には不要なはずである．

しかし室内温度に比べ外気温度のほうが高い場合に暖房運転を行ったり，外気温度のほうが低い場合に冷房運転を行ったりした場合でも，ヒートポンプには負荷がかかり，入力エネルギーが必要になる。この場合の負荷は基本的にはすべて無効負荷である。このような場合は空調設備を運転せず外気を取り込むべきである。外気温と空調ヒートポンプの理論エネルギーの関係はエアコンの性能評価などのため重要であり，関連事項について「ティータイム」（外気温と空調ヒートポンプの理論エネルギーの関係）にまとめたので参考にしていただきたい。

〔5〕 **熱回収は役立ってこそ省エネ** 損失を発見するためには，エネルギーフローをチェーン化することが便利である。しかし，熱回収のエネルギーフローをチェーン化する際には工夫が必要である。ボイラや加熱炉などのように出力がエネルギー便益であるシステムのエネルギーフローは，**図5.22**に示すように表現されることがある。再入力された回収熱はそのままの量が熱エネルギーとして再度出力され，単に循環しているだけのように見える。

もちろん熱勘定計算などを確認すれば熱回収により効率的なエネルギー利用が図られていることはわかるが，勘違いが生じる恐れもある。熱回収は重要な省エネ手段の一つであり，エネルギーフローを的確に把握して損失を見逃さないため，エネルギーの循環を解いてチェーン化するように工夫することが役立つ。

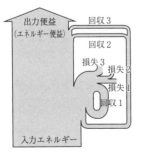

図5.22 熱回収に関する一般的なエネルギーフロー

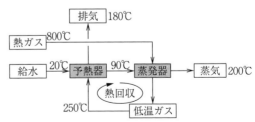

図5.23 給水～蒸気をメインストリームとした熱回収エネルギーフロー

ティータイム

外気温と空調ヒートポンプの理論エネルギーの関係

空調ヒートポンプの所要熱量 Q は，最も単純には室内の設定温度 T と室外の空気温度 T_0 の差 $\Delta T = |T - T_0|$ に比例すると考えることができる。外気温度 T_0 を環境温度と見なせば室外空気の有効エネルギー率 ε は 0 となる。理論 COP は室内空気の有効エネルギー率 ε の逆数となるので，COP $= T/\Delta T$ となる。したがって，所要の理論エネルギーは $E = Q/\mathrm{COP} = Q \cdot \Delta T/T$ になり，$\Delta T^2/T$ に比例することになる（ただし T は絶対温度）。

暖房に関し設定温度 $T = 293$ K（20℃），冷房に関し設定温度 $T = 301$ K（28℃）とした場合の所要熱量 Q，理論 COP，所要エネルギー E について，外気温度 T_0 ℃ との関係を図に示す。

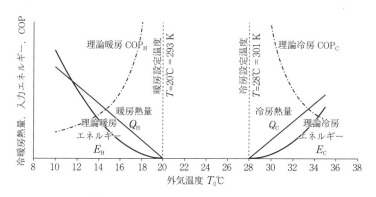

図　外気温と冷暖房熱量，入力エネルギー，COP の関係

なお家庭用エアコンでは近年 COP に代わり APF（annual performance factor）が用いられるようになってきた。これは地域ごとの外気温度の年間発生頻度モデルに基づき，通年の所要冷暖房熱量と各エアコン機種の通年エネルギー消費量から定める年間平均 COP である。所要冷暖房熱量については，基本的にこの図と同様に外気温度と冷暖房温度との差 ΔT に比例するとしている。

一例として図5.23に示すように，20℃の給水を800℃の熱ガスで加熱して200℃の蒸気を発生させる場合を考える。給水の蒸発に使われた熱ガスは温度が250℃に低下するが，そのまま排気すると損失が過大で**モッタイナイ**ので，給水を90℃に予熱して180℃としてから排気するようにしている。

エネルギーフローをチェーン化する際には，どの流れに着目して整理するかというメインストリームの選定が重要である。本質エネルギーの流れ，エネルギー媒体の流れ，最終便益の流れなど，いくつかの選択肢があるが，この図では最終便益である蒸気に注目して，給水から蒸気までの水のマテリアルフローをメインストリームとしてエネルギーフローをチェーン化している。しかし，この方法では熱エネルギーは図示のように見掛上は循環している。

このように熱エネルギーが循環したままのエネルギーフローでも，設備全体を一つのシステムとしてとらえ，その内部には立ち入らない検討であれば十分である。そのような場合，例えばメーカのカタログなどによって熱回収なしの機器と熱回収ありの機器の効率を比較し，諸条件を勘案しながら購入機種を選定するなどの方法で省エネを検討すればよい。

しかし操業条件などを変更して損失の低減を図りたい場合や，追加の熱回収を行いたい場合などには，もう少し内部の熱回収フローを検討する必要がある。このようなときにはチェーン化して検討したほうが見通しがききやすい。

この例では，主たるエネルギー媒体は熱ガスであり，この熱エネルギーを最大限に活用することが省エネととらえることができる。そこで図5.24に示すように，熱ガスの流れをメインストリームとしたエネルギーフローを考えるこ

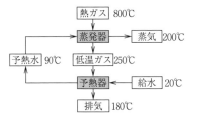

図5.24 熱のカスケード利用としてとらえた熱回収エネルギーフロー

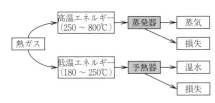

図5.25 熱源を用途別に分離してとらえた熱回収エネルギーフロー

とができる.この場合熱ガスは,最初に高温を要する蒸発器に流入し,つぎに低温ガスが活用できる予熱器に流入し,最後に排気となる.

　このようにチェーン化することによって,熱回収は熱エネルギーを同じレベルで単に循環させ続けるものではなく,温度低下などに伴うエネルギーの質の低下に応じて適材適所に活用するものであることを見える化することができる.このようなエネルギーフローは水流が高い滝から低い滝へと順番に流れていく様相にたとえられ,カスケードフローとも呼ばれる.例えば前述のピンチテクノロジーを活用すれば,与熱側と受熱側の組合せを工夫することによってカスケードフローの最適化を図ることもできる.

　熱回収は,回収された熱エネルギーが何らかの役割を果たしてこそ省エネの効果がある.これをさらに見える化するために,熱ガスを用途別に分離してとらえる方法がある.800℃の熱ガスは,媒体としては一体のガスであるが,**図 5.25**に示すように,その中に宿されている本質エネルギーを250～800℃の高温エネルギー部分と180～250℃の低温エネルギー部分に分割して考える.

　それぞれが蒸発器,予熱器という別々のシステムに入力され,200℃の蒸気,90℃の温水という別々の便益を出力しているという見方ができる.この場合,入力エネルギーのそれぞれのシステムへの配分が重要であり,それぞれの役割を的確に把握することが大切である.

　熱回収は時々混乱を生じ,十分な損失低減につながっていない場合もあり注意が必要である.混乱を生じる一つの原因として,エネルギーという言葉の多様性もあると思われる.ありがちな誤解の例を「ティータイム」(熱回収は勘違いに注意)に示したので参考にしていただきたい.使い終わったエネルギーを再利用できれば省エネであるように感じられるのも無理ない部分もあるが,せっかくの省エネ努力が無駄になることは大変に残念であり,回収したエネルギーが何に役立っているかを明確に把握することが大切である.

〔6〕　**コージェネレーションの活用**　　コージェネレーション(略して「コージェネ」と呼ばれることも多い.以下コージェネ)とは,一つのエネルギー源から熱と電気の両方を取り出すことにより,エネルギーを最大限に有効

ティータイム

熱回収は勘違いに注意

　本質エネルギーは，直接目で見ることができず，つぎつぎとエネルギー媒体を乗り換えていくため錯覚を生じやすい。また見掛エネルギーの中には，再エネや廃熱などのようにゼロ評価されるものもあり勘違いを生じやすい。有効エネルギー率の低下に伴うエネルギーの質の低下も見過ごされていることがある。

　例えば，水力発電で得られた電気でポンプを駆動して揚水し，再び水を流下させて発電することは可能だが，揚水と流下のたびに種々の損失を生じエネルギー量は減少していくので永久に循環することはない。このような事例は比較的わかりやすいと思われるが，エネルギー媒体である水と本質エネルギーとは意識的に区別して考えることも大切である。

　具体的には，水力発電の一種に揚水発電がある。電気の発生時間と需要時間のミスマッチを回避することにより電力の便益価値を向上させる有用な手段であるが，揚水ポンプが消費した電力が再び水力発電によって電力に戻されるものであり，新たにエネルギーを産み出すわけではない。

　水飲み鳥というガラスのおもちゃは，内部の揮発性液が蒸発したりコップの水で冷やされたりして重心が移動して首を振り続ける。これは入力エネルギーとして大気の熱エネルギーを使うものである。大気エネルギーがゼロ評価されがちのため勘違いを生じやすいが，永久機関ではない。化石エネルギー消費なしに鑑賞物としての便益価値を産み出すものと考えることもできる。

　屋根に風車を搭載して発電するタクシーが，省エネの優れたアイディアとして報道された事例がある。一部の入力エネルギーが自然風であることは否定できないが，大半は走行に伴い風車の空気抵抗負荷として発生したものである。このため追加エネルギーがエンジンから供給さたものと考えられるので，基本的には省エネ技術として評価することはできない。

利用する省エネ技術である。具体的には，例えばガスタービンなどの内燃機関を用いて発電機を回転させて電気エネルギーを出力するとともに，内燃機関の排ガスによって廃熱回収ボイラで蒸気などの熱エネルギーを出力させるものがあり，そのエネルギーフローは図5.26に示すようなカスケードフローで表すことができる。

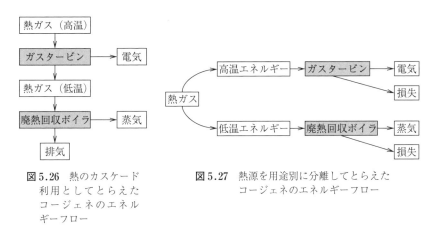

図5.26 熱のカスケード利用としてとらえたコージェネのエネルギーフロー

図5.27 熱源を用途別に分離してとらえたコージェネのエネルギーフロー

この図からも明らかなように，コージェネは熱回収の一種である。したがって，回収された熱エネルギーが役立ってこそ省エネといえる。また図5.27に示すように，熱ガスの保有エネルギーを高温エネルギー部分と低温エネルギー部分に分割してエネルギーフローをチェーン化し，高温部分をガスタービンで発電に使い，低温部分を廃熱回収ボイラで蒸気の発生に使うと考えることができる。

コージェネは，電気と熱を合わせた合計出力に着目した総合効率で評価されることが多いが，電気と熱の出力の比（熱電比と呼ばれる）にも注目することが大切である。総合効率が高くても，便益として必要な電気と熱の比率と合致しなければ無駄が発生し省エネとはならない。

コージェネは工場等の産業部門，オフィスや商業ビル等の業務部門に加え，エコウィルと通称されるガスエンジンを用いた家庭用のものもある。近年では，ガスエンジンに代えて燃料電池を用いたエネファームと通称される家庭用

コージェネシステムも登場している。

コージェネについても，設備全体を一つのシステムとしてとらえ，内部のエネルギーフローの詳細には立ち入らない場合であれば，メーカのカタログ等によって総合効率などを比較し，諸条件を勘案して導入システムを選定することができる。しかし，必要な電気と熱の比率は一定ではない。特に家庭では変化が大きい。電気は夏場の昼過ぎなど，熱は夕刻の風呂の湯張りなど，特定時間に需要が集中しやすい。

電気を大量に蓄えることは難しいが，熱は温水などとしてある程度蓄えることができる。近年発展した情報制御系エネマネなどにより，最適運用することによって損失の最小化が期待できるが，調整可能な熱電比の範囲などについては，ある程度までは検討をしておくことが不可欠である。

産業部門の電気と熱の需要比率は家庭部門，業務部門に比べて多様であり，システム全体の総合効率などのカタログ性能だけで省エネを検討することは難しい。多くの場合は高温エネルギー，低温エネルギーのそれぞれの必要量の内訳に立ち入って十分に損失を検討していく必要がある。

出力エネルギーの質にも注目する必要がある。熱エネルギーは温度により大きく質が変動するので注意を要する。例えばプロセス上500℃程度の熱ガスが必要な場合，発電用に配分する高温エネルギーの温度範囲が広すぎると必要な熱エネルギーが確保できなくなる。

代表的なコージェネシステムとして，ガスタービンを用いるものとガスエンジンを用いるものがある。出力規模が同等な場合，ガスエンジンのほうが発電効率が高いことが多く，電力の需要割合の高い場合に適している。ただし熱出力は比較的低温で，温水の割合が多く用途が限られることには注意が必要である。

ガスタービン単体では同一規模のガスエンジンに比べ発電効率が低く，業務部門ではあまり普及していない。しかし出力規模が大きい場合でも設備がコンパクトで，必要に応じて高温の熱ガスや蒸気を出力することも可能であり，熱需要の大きい工場部門には適していることが多い。出力蒸気を発電に用いるこ

とにより50％を超える発電効率も可能であり，需要に応じ熱電比を可変とする方式もある。

コージェネの活用は有力な省エネだが，その活用ではシステムの特性やエネルギーフローをよく理解することが大切である。また所要の便益を的確に把握することも大切である。熱需要について必要量だけでなく，その温度範囲や量的および質的な変動を把握し，電気需要とのバランスを十分に考慮して検討する必要がある。

5.4 例題の損失の検討

エネルギー損失は，特定の方法で検討していけば必ず見つかるものではなく，一つずつ丹念に探していかねばならない。このとき，気づいた範囲の損失をエネルギーフローとして整理していくことは有用である。4章で，原料を粉砕したパウダー製品，これを成形した線状，板状製品，さらに加工組立した製品を出荷するというモデル工場を設定し，エネルギーフローの現状把握の例題とした。ここでは，同じモデル工場を損失発見の例題として取り上げ，検討する。

5.4.1 原料処理工程の損失の検討

最初に原料処理工程などの上流プロセスに関する例題として，4章のモデル

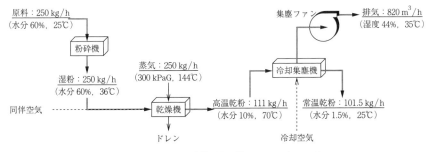

図5.28　例題の原料処理工程のフローチャート

工場におけるパウダー状のA製品の生産工程について検討する。**図5.28**にA工場の原料処理工程として想定するフローチャートを示す。高水分の原料は粉砕機で粉砕されて湿粉となり，間接加熱式の乾燥機で蒸気加熱されて高温乾粉となる。高温乾粉は集塵機で捕集され，その際に冷却されて常温乾粉となり，A製品の貯蔵，梱包，出荷工程などに供給される。

したがってA工場は，粉砕，乾燥，冷却集塵，貯蔵の四つの工程に大別される。この4工程を図5.7で述べたような葉脈図に整理し，考えられる損失を列挙すると，**図5.29**に示すようになる。ここで入力エネルギーは，通過エネルギーも含めていったんすべてバルクエネルギーとして最上流の粉砕工程に入力され，消費されずに残ったエネルギーは便益の一部として次工程に供給されると考える。蒸気は乾燥，電力は粉砕，乾燥，集塵冷却の各工程に供給されることになる。

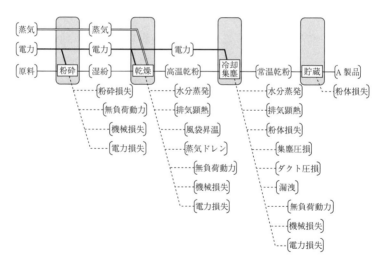

図5.29 例題の原料処理工程の葉脈図を用いた損失発生要因分析

抽出した損失はできるだけ定量評価を図っていく。この際，可能であればエネルギーバランスなどの技術計算を行うと有用である。一例として**図5.30**に粉砕，乾燥，冷却集塵の各工程，およびこの三つの工程を集計したエネルギーバランスの計算結果を図示する。各工程の流入および流出量に単位流量当りの

5.4 例題の損失の検討　　123

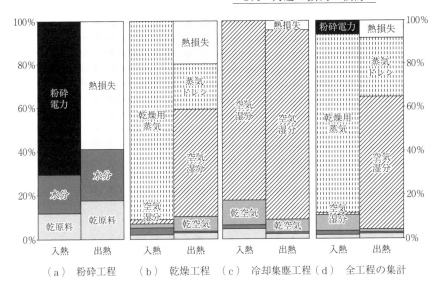

図 5.30　モデル工場の原料処理工程エネルギーバランス

顕熱，潜熱などを乗じて理論エネルギー量を算定し，流出入エネルギーがバランスすることを前提に熱損失量を算定している．ただし，この算定では通過エネルギーは除いている．

　損失の検討のためには，各システムのエネルギー使用目的が何かを確認することが重要である．技術計算などで得られた各種エネルギー流量をエネルギー使用目的に照らしながら整理してエネルギーフローのメインストリームを設定し，便益を見定めることが，損失の定量評価につながる．

　例えば粉砕工程で加えられる粉砕動力は，材料をつぎの乾燥工程に必要な粒径まで細かくすることが本来の目的である．だが粉砕動力の一部は粉砕された材料の温度を上昇させる熱エネルギーとしてつぎの乾燥工程で役立つため，便益に含めることもできる．このため，例えば両工程を時間的あるいは位置的に近づけて粉砕熱の損失低減を図ることは省エネと考えることができる．だが粉砕熱を得ることを目的に過粉砕することは粉砕動力増加のデメリットのほうが大きく，もちろん本来目的から離れる．

　入熱の基準なども注意が必要である．図5.30のヒートバランスは0℃基準

で計算したため供給原料(乾原料および水分)や乾燥工程などで吸引される環境空気の熱エネルギーも入熱に計上している。この分の熱エネルギーは便益から引き算する必要がある。環境温度,環境湿度を基準として環境の熱エネルギーを始めからゼロ評価しておいても構わない。ただし気温,湿度の変動に伴う顕熱,潜熱への影響などを見逃さないためには,いったんすべて計上しておくことも一つの方法である。

乾燥工程の出力便益は水分が低下した材料である。このため材料から蒸発して空気湿分として排気とともに放出される蒸発水分は,エネルギーチェーン全体としては損失と見ることになる。しかし乾燥の本来目的は水分の除去であり,乾燥工程としては蒸発水分量が便益と考えることもできる。水分除去量当りの蒸気消費量は蒸気消費率と呼ばれ,乾燥の原単位指標の一種である。蒸発潜熱と凝縮潜熱は同一条件では等しいので,理想条件の蒸気消費率はほぼ1.0である。一般的な乾燥機の蒸気消費率は1.5〜3.0であり,1.0との差を損失と考え発生要因を探していくことが省エネ課題の抽出ということになる。

乾燥工程から出力される紛体の温度はいまだ高温のため,集塵工程で空気を補給して湿度を下げれば追加乾燥される。このときの蒸発に伴う空気湿分の増加分も便益の一部と考えることができる。一方,蒸発に活用されなかった放熱,蒸発したが放熱によって結露して紛体に再吸収された水分などが損失ということになる。

5.4.2 加工組立工程の損失の検討

生産プロセスの下流部門の例として,4章のD製品の生産工程を題材に検討する。D工場では,板状のC製品を切断加工し,購入部品を組み合わせて組立製品Dを製作し梱包出荷する。切断加工から市場の販売までのエネルギーチェーンについて,図5.31に示すように葉脈図で損失要因を整理した。

下流部門では,使用するエネルギーは主として電気エネルギーであり,燃料や熱の使用は比較的少ない。出力便益が非エネルギーとなり,便益の有効活用が省エネの重点となってくる。このため,特に重要な損失は品質不良や歩留ま

5.4 例題の損失の検討

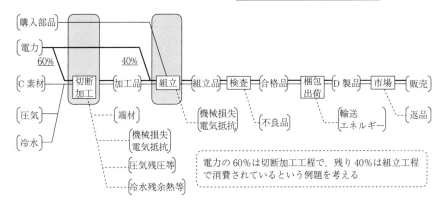

図 5.31 例題の加工組立工程の葉脈図を用いた損失発生要因分析

りなどのマテリアル損失に関するものとなってくる。

損失の定量評価に際し，必要に応じて原料処理工程で述べたようなエネルギーバランスなどの技術計算を行えばよいが，理論エネルギー量で損失を定量することは少なくなってくる。組立品の温度は常温であり，板材は成形工程で軟化温度まで加熱された残熱で若干温度が高いかもしれないが，熱回収は考えにくい。見掛エネルギー量，見なしエネルギー量などを基準に損失発生率などによって損失を定量することになる。

入力エネルギーは，できるだけきめ細かく工程別に把握することが望ましい。電力は，最上流の切断加工にすべてが入力されるとして通過エネルギーとして扱ってもよいが，例えば切断加工で60％，組立工程で40％というように内訳が管理されていれば，損失発見のタイミングと損失の大きさなどを把握することができ，改善に結びつくことも考えられる。

例えば，組立後の検査工程で発見した不合格商品が5％の場合は，5％の電力損失になっているが，これを切断加工直後の端材処理段階で発見できていた場合の損失は 60％×5％ ＝ 3％ であり，電力消費の2％の削減につながる。

省エネの推進では見える化の有用性がしばしば指摘される。どのような損失が，どの程度発生しているかを図表などでわかりやすく表示し，多数の関係者が認識を共通化することは非常に有効である。損失をすべて定量することはな

かなか難しいが，例えば**図 5.32** に示すように，エネルギーチェーンの葉脈図における基本システムごとに，それぞれのサブシステムの損失割合を円グラフなどで図示すると見える化資料として有効である。

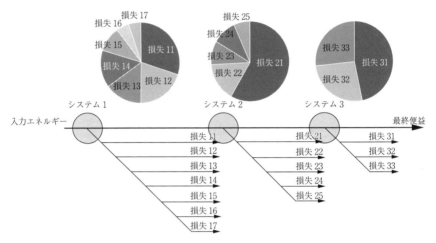

図 5.32 エネルギーチェーンの損失見える化の例

5.4.3 事務所の空調の損失の検討

事務所の省エネは工場，ビルに共通する検討対象である。なかでも空調は特に大きなテーマである。空調については種々の専門的手法もあるが，ここでは参考までにエネルギーフローの観点から整理を試みる。必ずしも 4 章のモデル工場に特有なものではないが，**図 5.33** に事務所空調の熱源設備から最終便益までのエネルギーチェーンについて損失発生要因を葉脈図でまとめた。

空調設備にはさまざまな方式がある。最上流の熱源設備の損失低減については重複を避けるため改めて詳述しないが，前節までに種々言及したように特に注意する必要がある。

空調設備の種類にもよるが，熱源設備で生成された冷熱あるいは温熱は冷温水などとして熱搬送設備によって空調設備に運ばれ，ここで所要の冷熱あるいは温熱としての空気エンタルピーに変換される。熱搬送設備では，放熱などに

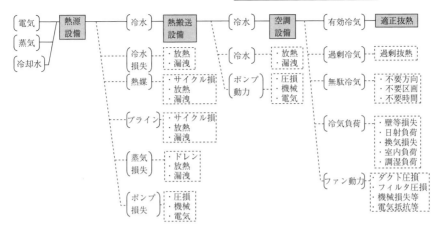

図 5.33 事務所空調の葉脈図を用いた損失発生要因分析

よる熱エネルギー損失，冷温水圧力損失などによる電気あるいは機械エネルギーの損失が検討対象となる。

　最終便益は，製品のような目に見えるモノではなく，暖かさ，涼しさ，快適感などであり，技術計算による定量評価は難しい。例えば，毎夏および毎冬に政府推奨温度が公表されるので，これに基づき室内温度を設定するのも一つの方法である。冷房であれば抜熱量，暖房ならば加温熱量を経由して，室内温度，湿度で定まる室内空気のエンタルピーと関係づけることができる。所要の空気エンタルピー条件に関する経験的な研究もあり，これらも参考にできるだけ検討することが望ましい。

　空調設備から供給される空気エンタルピーについては技術計算で定量可能だが，供給された空気エンタルピーがすべて役立つとは限らない。不要な場所や時間帯に供給された無駄な便益，室外からの侵入熱の解消のための無効負荷があり，また給気の圧損などによるファン動力の損失もある。

　熱源設備への入力エネルギーから最終便益としての適正抜熱（または加温）までのエネルギーチェーン全体としての損失の低減を考えていくことが必要である。

6 エネルギーフローで省エネを推進

6.1 省エネ推進の概要

6.1.1 PDCAサイクルとエネルギーフロー

省エネの推進は,まず現状のエネルギーフローを把握し(4章参照),そしてエネルギーフローを分析して無駄や損失を探し出す(5章参照)。抽出した無駄や損失を低減することが省エネ課題であり,その課題解決のため対策立案を行い,そして対策実施後は効果確認を行う。本章はおもに対策立案と効果確認におけるエネルギーフローの活用について述べる。これらは前章までに述べた状況把握,課題抽出とともに,図 6.1 に示すように省エネ推進の PDCA サイクルの主要な構成要素である。

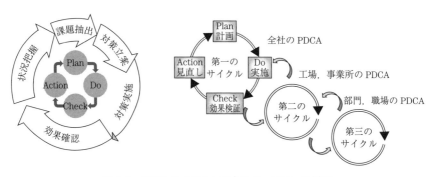

図 6.1　PDCA サイクルとエネルギーフローの活用

すべての省エネ課題を1回で解決することは難しい。エネルギー消費行動や，その周辺状況は日々変化し，新たな省エネ課題も発生する。省エネ対策の効果確認を行ったら，その結果を踏まえて，改めて現状把握，課題抽出を行い，さらなる省エネの推進に取り組んでいく。このような手順を繰り返しながら，継続的に省エネを推進していくことがPDCAサイクルによる省エネ推進といえる。

省エネ推進は，対策実施の段階でも進捗に応じて小さなPDCAサイクルをつぎつぎと段階的に回していくとさらに効果的である。例えば全社，事業所，部門などのような組織段階ごと，あるいは中長期，年次，月次といった計画期間の段階ごとのPDCAサイクルが考えられる。各段階のPDCAサイクルで，計画と実績のエネルギーフローを対比させていくことにより，さらに効果的な省エネ推進が期待できるだろう。

6.1.2 省エネ対策立案手順の概要

省エネ対策立案手順の概要を**図6.2**に線図で整理した。まず対策検討の対象とする課題の選定が必要である。これは抽出された課題を一度にすべて解決することは難しく，また効率的でもないからである。つぎに方針設定が必要である。それぞれの課題について対策は一つとは限らない。例えば，設備を全面

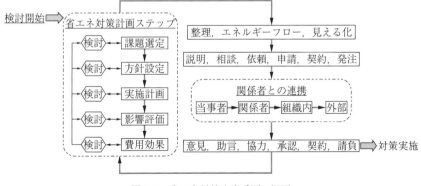

図6.2 省エネ対策立案手順の概要

更新する方法もあり，また既存設備のままで運用方法だけ改良する方法などもある．

そして実施計画の検討を始めるが，具体的に計画を進めていくと対策実施に

表6.1 省エネ対策計画の重点事項

計画ステップ	計画内容	重点事項	備考
課題選定	具体性	発生箇所，発生原因	技術的検討，操業データ，必要に応じ実験
	実行可能性	現実的に対策があるか	この段階では予備選定
	省エネ効果	エネルギー消費量，削減期待量	エネルギー量と省エネ量の両面から考えていく
	所要費用	予算，優先度，費用対効果	この段階では予備選定
方針設定	運用改善	設備投資なし，すぐに実施可能	一つの課題に複数の対策があり得る
	部分改造	設備投資小	一つの対策が複数の課題の解決につながる
	設備更新	設備投資大，準備期間要す	運用改善，部分改造，設備更新もいくつかの方法がある
実施計画	システム検討	バウンダリーの設定	解決を図る課題を包含するように設定
	出力便益	対策前の出力確保が基本	他対策に伴う下流のエネルギーフローの変化を考慮
	入力エネルギー	損失の低減を考慮	負荷変動（出力便益変動）特性なども考慮
影響評価	エネルギーフロー	上流のエネルギーバランスなど	入力エネルギーの低減が省エネにつながるかなど
	マネジメントフロー	対策後の運用	他の省エネ対策との相乗効果，干渉や相殺，波及効果
	その他の影響	対策工事の実施	休止期間，既存設備などの廃止の影響，環境影響
費用対効果	対策費用	設備費用の見積	外部払い，内部費用（関連部門），予算申請および準備期間
	省エネ量	現状および対策後エネルギー消費量	省エネ量，エネルギーコスト削減効果を算定
	原単位変化	対策後の便益等の見積	現状の原単位と比較
	費用対効果	省エネ量と対策費用を対比	費用対効果，その他意思決定に必要な指標を算定

伴う種々の周囲への影響や波及効果などが顕在化してくる。このため計画の進展に応じ影響評価を行い，最終的に費用対効果などを検討して対策実施を決定する。この間，必要に応じて上流のステップに戻り見直しを行う。

省エネは多くの関係者の連携が不可欠である。また，多くの関係者の経験や発想が効果的な対策計画につながる。対策に伴い種々の影響を受ける関係者の理解を得ることも必要であり，各ステップでは関係者との協議も重要だ。省エネ対策立案は，これらの連携や協議の結果を反映させながら進めていく。

関係者との連携は，組織内の事前説明や内諾などから，組織外関係者との契約などもあり，それぞれの目的に応じエネルギーフローをわかりやすく整理することが有効である。また費用対効果の検討では，期待される省エネ効果の把握のため，対策前後のエネルギーフローの比較が必要である。

省エネ対策計画の各ステップにおけるおもな計画内容，それぞれの重点事項を整理すると**表6.1**のようになる。具体的には6.2節で述べる。また，費用対効果などの検討のための省エネ期待量の把握については6.3節で述べる。

6.1.3 省エネ対策効果確認手順の概要

省エネ対策を実施したら，その効果を確認する。省エネ効果は対策前後のエネルギーフローを比較することで把握できる。省エネ対策後の効果の確認と対策実施前の省エネ期待量の見積とは共通事項が多く，6.3節でまとめて述べる。

省エネ対策実施後の効果確認の手順を**図6.3**に整理した。確認評価は五つ

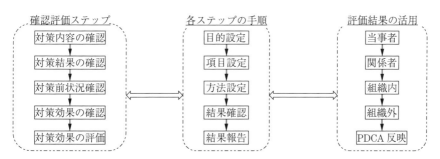

図6.3 省エネ対策実施後の効果確認の手順概要

のステップで考えることができる。まず，対策内容の確認を行う。これは，実際に実施される対策内容は，計画内容と必ず同じではないからである。対策実施の段階でも，定期的にエネルギーフローを見直し対策内容を確認していくことが重要であり，対策内容に種々の見直しが行われる場合も多い。また，対策範囲外で種々の状況変化があるかもしれない。

　つぎに，試運転あるいは実操業を通じてエネルギー消費量などのデータを取得し，対策結果を確認する。しかし，このデータを判断するためには対策前後の条件の違いを把握することが必要である。比較条件が大きく異なっていては省エネ効果の的確な評価ができないからである。このため，つぎに対策前の状況を振り返って確認する。

　なお，対策実施前の省エネ期待量の見積では，対策実施後の条件予測が重要となる。単純に現状と同一条件とせず，将来の条件変動について事前にできるだけ検討しておくことが，効果的な省エネ推進の一つのポイントといえる。

　そして対策前後のエネルギー消費量の差などから対策効果を確認する。最後に，その効果が期待通りであったかなどを把握し，関係者へ報告するなどの目的で対策効果の評価を行う。

　省エネは多くの関係者の協力の成果である。したがって，省エネ対策の効果確認および評価結果は関係者へ報告することが必要である。当事者も含めて多くの関係者が情報を共有することが，より的確な評価につながり，またPDCAサイクルに反映されて継続的な省エネの進展になっていく。

　報告書の記載項目や内容が事前に定められていることも多い。報告の作成は，まずその主旨や目的を確認すると能率的である。目的に応じて適切にかつ理解しやすくまとめることが望ましい。

　例えば省エネ補助金を受けて省エネを実施した場合は，省エネ対策結果の報告が求められる。その場合，報告内容や様式などが規定されている。このほか，取引先などの組織外への報告が必要な場合もある。組織の内部としても報告書をまとめておくことが大切だ。

　エネルギーフローの活用は評価結果の見える化にも役立つ。組織の省エネ推

進では，省エネ成果の見える化は全員参加の省エネ活動，省エネノウハウの伝承などとして特に有効である。

効果確認は対策の実施段階でも有用である。対策の進捗に応じて，例えば月単位で，あるいは対策工程単位で当初見積の効果からの変動の有無などを検討し，状況に応じて是正措置などを行っていくと効果的である。

対策実施後の確認評価は特に重要である。対策結果を正しく把握して評価することによってPDCAサイクルがつながり，継続的な省エネ推進の実現が可能となる。

6.2　省エネ対策立案の方法

6.2.1　課題選定

省エネはやり尽くしたという声をよく聞く。しかし現状のエネルギーフローをしっかりと把握して十分に分析すれば，まだ多くの損失が見つかるのではないか。その一つひとつが省エネ対策の課題である。もちろん，できればすべてを同時に解決したいが，現実には難しい。もう一度表6.1を見ていただきたい。まずは優先順位などを検討してから対策立案に取り組むことになる。課題選定の着眼点は，具体性，実行可能性，省エネ効果，所要費用の4点である。

まずは具体性である。大きな損失が発生して効率が低下していることは把握できても，原因が不明という場合は多い。だが，このままでは適切な対策立案はできないので，損失の発生箇所や発生原因などについて何らかの見当をつけなければならない。可能な限り技術検討を行い，操業データを分析し，必要に応じて実験なども行い，課題が具体的になったものから対策の検討を始める。

具体的な課題が見えてきても，すぐに対策が見つかるとは限らない。だが衆知を結集すれば良い対策が出てくる可能性もある。この段階では予備選定でもよいので，簡単に諦めずに候補として残し，実行可能な対策をできるだけ探求していきたい。

課題選定の段階で省エネ効果の大きさを判定することは難しいが，例えば現

状把握段階でエネルギー消費量の大きいことが確認されたサブシステムなどは有力候補と考えられる。もちろんエネルギー消費量が大きくても省エネ余地は小さいかもしれない。だが課題抽出の段階で大きなエネルギー損失の存在が推定されていれば，省エネ効果の一つの判断材料になる。

費用対効果についても，この段階では十分に見極めることは難しいが，PDCAサイクルを何度も回し継続的に省エネ推進を行うことにより，何らかの判断基準を確立していくことが望ましい。設備はいずれ老朽化し効率が低下するものであり，技術進歩により高効率機器が登場し旧式設備はやがて陳腐化する。中長期的視野で省エネ投資の資金計画を立て，予算を確保しておくことが大切であり，この予算枠などが費用対効果に関する課題選定の一つの判断基準となる。

6.2.2 方針設定

一つの課題にもいろいろな対策が考えられる。また一つの対策がいくつもの課題の解決につながる場合もある。最初からあまり狭く限定せず，できるだけ柔軟に広汎な検討を行うことが望ましい。しかし広すぎても検討内容が発散して能率的でないので，具体的な実施計画の詳細検討に入る際には，ある程度の方針設定が必要だ。

省エネ対策は運用改善，部分改造，設備更新の三つに区分できる。運用改善は既存設備をそのまま使い，運用方法だけを変更して省エネを図るもので，設備投資が不要なため，資金準備の必要がなく，すぐにでも実行できるものである。部分改造は既存設備を部分的に改造して省エネを図るもので，改造のための資金準備が必要となる。設備更新は既存設備を廃却することなどによって省エネ性能の高い設備に更新するもので，設備投資金額が大きく，資金準備などに期間を要するため，入念な計画が求められる。

だがエネルギーフローの面から見ると，運用改善は現状のエネルギーフローをかなり細かく分析する必要があり，ある意味では難しい対策である。部分改造がこれに次ぎ，既存設備を細かく分割して調査し，改造対象部分のエネル

ギーフローを把握する必要がある。一方，設備更新では，内部の詳細まで立ち入らず，設備全体としてのエネルギーフローだけを考えればよいことになる。

しかし，高効率設備へ更新すれば，それだけで省エネになるという判断は少し危険である。省エネ性能は運用条件に大きく左右される。運用改善や部分改造とは異なり，いまだ設置していない設備のため，内部のエネルギーフローの詳細検討は難しいかもしれないが，運用条件の変動に伴う設備全体としてのエネルギーフローの特性などを検討してから方針設定することが望ましい。

参考としてボイラについて，一般的な省エネ対策立案の数例を図 6.4 に示す。高効率ボイラへの更新，空気比の低減，伝熱面の清掃，排熱の回収利用，給水ポンプのインバータ化などのさまざまな選択肢が考えられる。

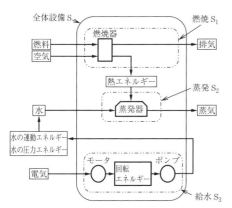

出力便益一定のまま入力エネルギーを削減

・**全体設備 S【設備更新】**
(例) 高効率ボイラへの更新
→蒸気量一定のまま燃料消費量を削減

・**燃焼システム S_1【運用改善】**
(例) 空気比の低減
→熱エネルギー一定のまま燃料消費量を削減

・**蒸発システム S_2【部分改造】**
(例) 伝熱効率の向上，排熱回収（給水加熱など）
→蒸気量一定のまま熱エネルギーを低減

・**給水システム S_3【部分改造】**
(例) ポンプのインバータ化
→給水量，給水圧一定のまま電気消費量を低減

図 6.4　ボイラに関する省エネ対策メニューの例

だが，対策によって低減されるエネルギー損失は異なる。空気比の低減は燃料の燃焼エネルギーの排ガスによる損失の削減であり，伝熱面の清掃や排ガスによる給水加熱は燃焼ガスによるボイラ水の加熱の際の損失低減であり，給水ポンプのインバータ化は電気エネルギーから給水の圧力エネルギーなどへの変換損失の低減である。

漠然とボイラのエネルギー損失というとらえ方にとどめず，できるだけきめ細かく分析して課題選定を行うことが望ましい。複数の課題を一つの対策で解

決するという選択肢もある。適切な機種選択を行えば，高効率ボイラへの更新により燃焼，蒸発，給水の課題を同時に解決できる。

　運用改善，部分改造，設備更新にもいくつもの方法がある。いくつかの対策を組み合わせることも考えられる。方針設定段階である程度の絞り込みを行い，実施計画の内容を検討しながら比較評価することも一つの方法である。

6.2.3　省エネ対策立案のシステム設定

　対策方針ではエネルギーフローを見える化しながら実施計画の検討を進める。このとき，システムの適切な設定が大切である。解決しようとする課題を明確に認識し，低減しようとする損失の発生箇所を包含するように設定する。上記の例では，高効率ボイラへの更新は全体設備 S，空気比の低減では燃焼関係の設備 S_1，伝熱管の清掃や給水加熱では蒸発系の設備 S_2，給水ポンプのインバータ化では給水系設備 S_3 が対象システムとなる。

　システムは，具体的にはバウンダリーによって設定されることになる。そしてバウンダリーを通過する入力エネルギーや出力便益を把握する。この際，バウンダリーを通過するあらゆる入出力がいったん対象となる。だが省エネ対策の課題は損失の低減である。したがって，対策によって変動しない入出力は除外してもよい。また変動がきわめて小さい入出力は除外してもよい。例えば制御電流や計装用空気などは通常は除外してよい場合が多い。

　設定したバウンダリー内部のエネルギーや便益のフローも検討から除外することになる。したがって，もし損失低減に強く関連するフローが検討から除外されるのであれば，それはバウンダリー設定が不適切ということであり，内部バウンダリーでシステムを分割するなどの方法で重要なフローを顕在化させる必要がある。

　これまで述べてきた現状把握や課題抽出のエネルギーフローでは，すでに存在するシステムのバウンダリーを設定すればよかった。だが，対策立案ではいまだ存在しないシステムのバウンダリーを設定しなければならない場合もある。この場合，まず既存システムに関して低減を図ろうとする損失を中心とし

たバウンダリーを把握し，つぎにこれと対応させて新たなシステムのバウンダリーを設定していくことになる。

エネルギーフローでは，システムのバウンダリーを通過する入出力のみが検討対象となるので，きめ細かい検討のためには全体システムの内部にサブシステムを設定する必要がある。サブシステムは分割型と離散型が考えられる。分割型は全体システムを内部バウンダリーで仕切り，全体をあますことなくサブシステムに分割するものである。離散型は全体システム内に独立した複数のサブシステムを離散的に設定するものである。

省エネ推進の PDCA サイクルの各段階におけるシステムのとらえ方について，**図 6.5** のように整理した。現状把握 ① では，全体システムから出発して各サブシステムの入出力を把握するため分割型サブシステムが便利である。課題抽出 ② では，大きな損失が発生している可能性の高い構成要素を抽出し，個別にバウンダリーを設定する離散型サブシステムのほうが適していることが多い。

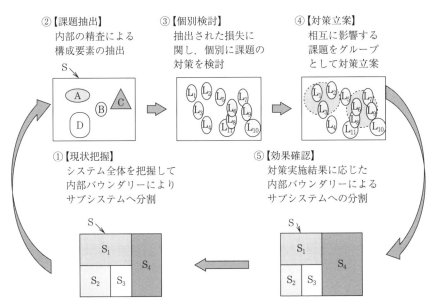

図 6.5 省エネ推進の PDCA サイクルの各段階におけるシステムのとらえ方

対策立案も離散型サブシステムのほうが考えやすい。個別課題の損失発生箇所を包含するようにバウンダリーを設定したサブシステム ③ を考えることから出発する。だが具体的な検討を進めていくと，一つの対策が複数の課題解決に関係する場合も多い。この場合，相互に影響する課題をグループとしてまとめるようにバウンダリーを設定したシステム ④ について対策を立案する。

対策実施後の効果確認は，計画時の離散型システムごとに評価してもよいが，分割型サブシステム ⑤ で再度検討することも必要だ。実施された対策内容が実施計画と変わってくる場合も多い。周辺条件も異なってくる。同時に複数の対策が行われ，それぞれの成果が相互に影響する場合もある。離散型システムだけでの評価では不十分な場合が多い。

例えばA，B二つの対策を実施し，対策Aでは30 kL/年，対策Bでは20 kL/年の省エネ効果が得られたが，全体システムの省エネ実績は40 kL/年というような場合がある。A，B単純合計の50 kL/年との差異は，二つの対策の効果の重複や，効果の干渉などが原因である。時には複数の対策が相乗効果を発揮して，全体システムの省エネ量が個別システムの省エネ量の合計値を上回ることもある。

全体システムの実績データを基準に，分割型サブシステムを検討していくことにより，個別システムの評価データとの差異の発生箇所などが把握されるようになり，つぎの省エネ推進のための貴重なノウハウの取得が期待される。

6.2.4 エネルギーフローによる省エネ対策の影響評価

最も単純な省エネ対策は，出力便益は一切変化させずに入力エネルギーだけを減らすことである。しかし実際の省エネ対策は必ずしもそうはならない。省エネ対策はエネルギーフローにさまざまな影響を及ぼす。対策立案では，対策前後のエネルギーフローの変化をできるだけ検討し，計画に反映しなければならない。図 6.6 に示すような例について考えてみる。

例えば高効率ボイラへの設備更新などによって出力便益 B を変えずに，損失を ΔL 低減するだけの省エネ対策を実施することができれば，エネルギー消

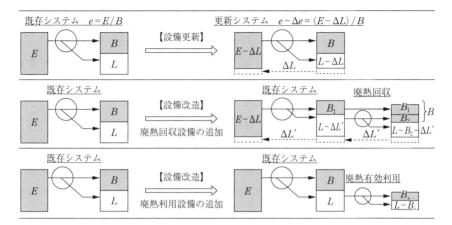

図 6.6 省エネ対策に伴うエネルギーフロー変動の例

費量 E が ΔL 減少する。したがって，ΔL が省エネ量となり，原単位は $\Delta e = \Delta L / B$ 低減する（同図上参照）。

設備更新は，資金準備は大変だが，対策前後のシステムの内部はブラックボックスとしてとらえてしまえば簡便なように思える。だが出力便益 B は一定とは限らない。省エネ対策の実施後に必要な出力便益が変化し，期待通りの省エネ効果が得られなかったというケースも多い。システム内部のエネルギーフローの詳細には深入りしないでもよい場合もあるが，出力便益 B が変化した場合に入力エネルギー E がどうなるかなどのマクロなシステムの特性だけは最低限把握しておくことが大切である。

部分改造の場合などは設備内部のエネルギーフローまで立ち入って検討する必要がある。例えば廃熱回収設備を追加する場合は，出力便益 B を変化させない場合でも，回収エネルギーの影響などを検討しなければならない。廃熱により給水予熱を行えば新たな便益 B_2 が得られるので，既存システムの出力便益は B_2 だけ小さい $B_1 = B - B_2$ となり，その分だけ入力エネルギーが少なくて済む（同中図参照）。

廃熱を検討対象システム内で利用するのではなく，別の設備で有効利用する省エネ対策もある（同下図参照）。この場合，検討対象システム内部のエネ

ギーフローにはあまり深く立ち入らずに済むが，出力便益の増加分 B_+ の有効活用のため他のシステムのエネルギーフローを検討しなければならない。

エネルギーフローは多数のシステムが相互に連結している。**図6.7**に示すように，省エネ対策は，対象システムだけでなく，上流，下流のシステムに影響を及ぼす。

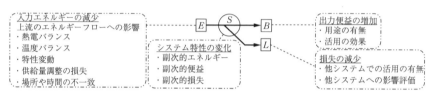

図6.7 省エネ対策に伴う対象システム外部エネルギーフローへの影響

廃熱の有効利用などによる出力便益の増加は最も多く発案される省エネ対策の一つだが，適切な用途がなかなか見つからない場合が多い。この場合，エネルギーの質に留意することが重要だ。エネルギー利用は適材適所が鍵である。例えば低温加熱などに高品質エネルギーが適用されている箇所が発見できれば，それを廃熱で置き換えて，高品質エネルギーの消費量の低減ができてこそ，省エネといえる。

損失の減少は，他システムへ想定外の波及効果を及ぼすことがある。バッチ式加熱プロセスはスケジュール調整により運転集中することで加熱容器の予熱などに消費されるエネルギー損失を減らすことができるが，準備工程，後処理工程などの他システムのエネルギー消費増大を招くこともある。わかりやすい例として，照明の高効率化に伴う照明機器からの放熱損失の低減の暖房エネルギーへの影響がある。基本的には照明電力の削減効果のほうが大きいが，暖房エネルギーの増加も考慮すべきであることがしばしば指摘される。

高効率システムへの設備更新では，システム特性の変化に注意が必要である。定格条件だけでなく，予想される運用条件の変動を考慮して省エネ性能を検討する必要がある。また，省エネ対策課題とは別の副次的な入力エネルギー，出力便益，損失などの影響をできるだけ確認しておくことが望ましい。

エネルギーフローの検討では，上流への影響が特に重要である。入力エネルギーをせっかく減らしても，それが上流の出力エネルギーの低減につながらなければ省エネとはならない。例えばコージェネシステムを有する工場では，省エネ対策で電力消費量を減らしても，熱需要を低減しなければ十分な省エネ効果が得られない。

近年，家庭部門でもガスエンジンを活用したエコウィル，燃料電池を活用したエネファームといったコージェネシステムが普及しつつあるが，電気と熱のバランスのとれた省エネが必要である。

熱エネルギーは温度によりエネルギー品質が大きく異なる。用途の少ない低品質エネルギーの消費量を減らしても，高品質エネルギーの需要が減らなければ上流の省エネにつながらないことが多い。熱エネルギーの低減は温度範囲のバランスに留意しなければならない。

対象システムの省エネにより上流システムの出力を10%低減できても，上流システムの入力エネルギーは2%しか低減しないかもしれない。上流システムの固定エネルギーの存在や非線形特性にも留意しなければならない。

上流システムからの供給エネルギーが少なくて済むようになったときに，供給量をどうやって減らすかも注意が必要だ。圧空の供給量を絞り弁で下げたり，電気抵抗を増やして電圧を低下させたりするだけでは十分な省エネ結果は得られない。

運転時間や使用場所の集約による省エネも注意が必要だ。空調の使用時間や使用場所をせっかく減らしても，上流の熱源設備が種々の事情で運転停止できなければ省エネ効果は得られない。上流設備と条件を整合させてこそ十分な省エネ成果が得られることになる。

6.2.5　関係者の連携と影響評価

例えば設備更新による省エネでは，対策の実施に先立ち既設設備の撤去が必要な場合もある。新設設備の設置工事期間中に操業休止が必要な場合などもある。製品在庫の積み増しや仮設設備の利用などに伴うエネルギーや便益の損失

の発生があるかもしれない。

　大規模な設備更新では，特に省エネ対策課題となっていない範囲も更新せざるを得ないかもしれない。対策前よりもエネルギー消費が増えることがないかなども確認する必要がある。

　省エネ対策の影響はエネルギー設備面に対してだけではない。人々のエネルギー消費行動にも影響する。そもそも省エネ対策は，対策による影響を受ける多数の関係者の合意が不可欠である。関係者の理解を得るための説明の際には，各種の影響を抽出して十分に協議することが必要である。時には全面的な計画見直しが必要になるかもしれないが，見逃すことのできない重要な課題が抽出されることもある有益なステップである。

　同一の課題に対し複数の対策が存在し，人によって着眼点が異なる場合がある。多くの人々がバラバラに異なる対策を行い，効果が相殺してしまわないように調整することが大切である。例えばある人は冷房の冷気を逃がさぬようドアを密閉したが，別の人は外気を導入して冷房エネルギーを下げようと窓を開放したような場合，省エネ効果が干渉し，むしろ増エネになることが多い。

　人々の効果的な連携を進めるためのマネジメントは有用である。また，例えば冷気エネルギーがどこから来て，どこで便益を産み出し，どこで損失が発生しているのかなどの，エネルギーフローの認識の共有も必要である。

　図 6.8 に示すような製品の輸配送というエネルギーフローを考えてみよう。ガソリンの化学エネルギーはエンジンで運動エネルギーに転換され，車体および荷物を移動させて製品の配達を実現し，最終的な顧客満足を実現する。この間，さまざまな損失が発生する。例えばエンジンのエネルギー損失であれば，メインテナンスの励行や高効率車両への更新などの省エネ対策が考えられる。

　車両の運行に伴い積荷の有無にかかわらず発生する無負荷損失の低減には，配送ルートの最短化，特に空荷の帰路の最短化と，積載率の最大化が有効である。加速抵抗や空気抵抗の低減には走行速度の最経済化が望まれるが，このためには運行スケジュールの余裕が鍵であり，荷待や荷卸時間を不要に長くしないことが有効である。製品の到着時刻は顧客の要望を充足することが必須だ

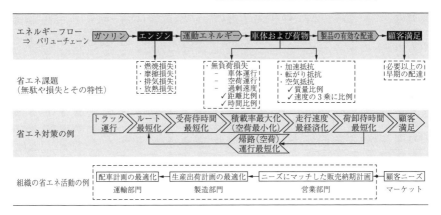

図 6.8 共通テーマの組織的取組みのためのエネルギーフローの調整

が，必要以上に早く届けてもあまり意味がない。

この場合，組織の省エネ活動では，多くの部門が関連する可能性がある。例えば営業部門はマーケットや顧客のニーズを的確に把握し，ニーズにマッチした販売納期計画を策定すべきだろう。製造部門は，この納期を確保できる範囲内でできるだけ合理的な生産計画や出荷計画を策定する。そして運輸部門は，両部門の適切な計画の条件のもとで，できるだけゆとりを確保した合理的な配車計画を実施することで，輸配送の省エネが達成できることになる。

この例でも明らかなように，省エネは多くの関係者の連携と協力がきわめて

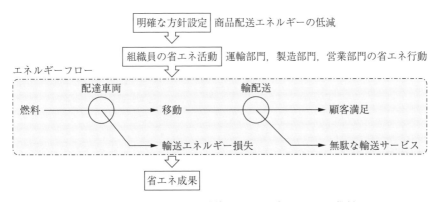

図 6.9 エネルギーフロー改善におけるマネジメントの役割

重要である。このためには明確な方針の設定と認識の共有が大切だ。例えば図6.9に示すように，組織のトップが商品配送エネルギーの低減などの明確な方針を打ち出し，関連部門の省エネ行動を促進することで，省エネ成果が達成される。このような流れはマネジメントフロー，あるいは行動フローと呼ぶべきものであって，エネルギーフローとは別の流れと整理できる。マネジメントフローがエネルギーフローに作用して省エネが達成されるものであり，人から人への情報伝達の流れという見方もできる。

6.2.6 省エネ対策立案のまとめと費用対効果の検討

省エネ対策立案の手順の全体をまとめると，図6.10のようになる。まずエネルギーフローの現状を把握して分析し，損失の発見を行う。つぎに削減対象の損失を選定し，損失発生のシステムを特定する。対策には，損失発生のシステム全体を交換する設備更新，損失発生部位だけを交換する部分改造と，既存システムの運用改善の3通りがある。

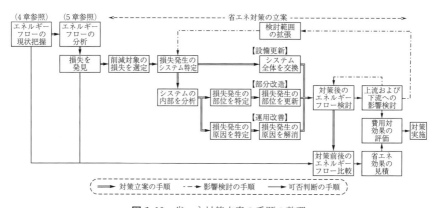

図6.10　省エネ対策立案の手順の整理

部分改造はシステム内部を分析し，損失発生部位を特定することが必要である。運用改善もシステム内部を分析し，損失発生の原因となっている運用条件を探し出す必要がある。設備更新は既存設備の内部分析が直接に関係することは少ないが，大きな費用発生を伴う対策でもあり，既存設備の損失をできるだ

け把握し，更新設備の選定に活かすことが大切だ．

　設備更新，部分改造，運用改善のどの対策でも，対策に伴うエネルギーフローの変動を検討することが不可欠だ．特にエネルギーフローの上流，下流への影響に注視し，必要に応じてより広範囲の検討を行い，できるだけ大きな改善効果が得られるよう対策内容を見直し，工夫していくことが大切である．

　立案された省エネ対策は最終的に費用対効果の確認を経て，対策実施の可否が決定されることが通常である．したがって，対策実施に要する費用と対策で得られる省エネ効果の見積と対比が必要である．

　対策費用としては，対象設備の購入費などとともに，エネルギーフローの上流，下流への影響などに伴う費用も可能な範囲で考慮すべきである．省エネ対策工事に伴う休止期間の影響などのように，金額表示が難しい事項についてもできるだけ考慮に入れることが望ましい．

　負担できる費用の上限やその他種々の事情ももちろん考慮すべきだが，許容範囲の金額であれば，得られる省エネ効果との対比による費用対効果を中心に優先順位を決めて対策を実施していくことが基本であろう．このため，省エネ対策実施による期待効果の的確な見積は非常に重要な意味をもつ．

　省エネ対策の効果は，対策前後のエネルギーフローを比較することにより得られる．したがって，方法論としては対策実施後の効果確認と共通するところが多いので，6.3節にまとめて詳述する．ただし，その目的，条件，使用できるデータなどは，期待効果の見積と実績効果の確認とでは必ずしも同じではないことに留意する必要がある．

6.3　省エネ効果の把握と評価の方法

6.3.1　省エネ量と原単位

　最初に省エネ効果とは何かについて再確認しておく．省エネ対策の効果はエネルギー消費量Eの低減で評価するという考え方と，原単位$e=E/B$の低減で評価するという考え方がある．対策前後で便益Bが変わらなければ，どち

らも同じである。だが，現実には便益 B が変化する場合が多い。図6.11に示すように，横軸に便益 B，縦軸にエネルギー E をとったグラフ上で整理してみよう。

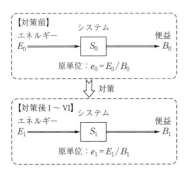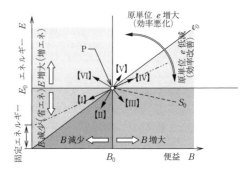

図6.11　省エネ評価の区分

対策後の点が，対策前を示す点 S_0 を通る水平線よりも下側にプロットされれば E が低減されたことになり，また原点と点 P とを結んだ線よりも下側にプロットされれば e が低減されたことになる。いうまでもなくⅡのゾーンは省エネである。Ⅲゾーンでは増加した便益が役立つものかどうかなどについて検討することが望ましいが，E も e も低減され，基本的には省エネといえる。

実際の省エネ対策は固定エネルギーなどの影響によってⅠまたはⅣゾーンにあることが多い。対策前より e が低下しても E が増大するⅣゾーンを省エネと考えることは意見が分かれる可能性もあり，便益増大がやむを得ない事情かどうかなどを精査し，E の低減を検討していくことが課題となる。

e が増大しても E が低減したⅠゾーンは省エネといえるが，便益 B が低減した事情を念のため確認することが望ましい。不要な便益の節約はもちろん好ましいが，無理に我慢しただけの一時しのぎの省エネは長続きしない。原単位の低減に向けてさらに検討していくことが課題といえる。

Ⅴゾーンは E も B も増加し省エネとはいえない。B の減少にもかかわらず E が増大しているⅥゾーンも省エネではないが，便益 B の低減が何らかの省エネ対策の結果という場合もある。せっかくの我慢が実を結ばなかった非常に

残念な省エネであり，原因を究明して改善していくことが課題である。

6.3.2 便益変動の影響を考慮した省エネ効果の見積

現実のエネルギーフローは，固定エネルギーなどの影響で出力便益と入力エネルギーが比例しない場合が多い。出力便益が一定という定格条件だけを考えて省エネ対策を立案すると，期待外れの結果となる恐れがある。省エネ対策立案時に効果を見誤らないためには，便益条件の変動を考慮に入れて省エネ効果を評価したほうがよい。

省エネ対策によって固定エネルギーを削減し，便益 B とエネルギー E との関係の特性を改善することも省エネの一つである。この場合の省エネ効果の試算に関する例を**図 6.12** に示す。例えば季節変動の影響などからグラフ①のように各月の所要便益が大きく変動する場合，グラフ②のように各月のエネルギー消費 E も大きく変動するが，便益 B とエネルギー E にはグラフ③のような特性関係がある。したがって，省エネ対策実施後の各月の所要便益の変動が対策前と同様と想定すれば，対策後の各月のエネルギー消費 E を図のように見積もることができる。

毎月のエネルギー E と便益 B から各月の原単位 $e=E/B$ を求め，グラフ④

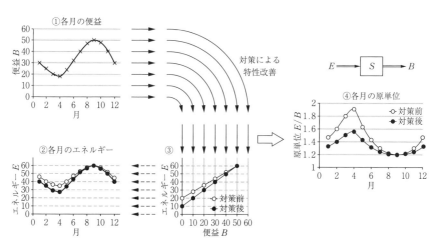

図 6.12 季節変動などによる便益変化の省エネ量への影響の例

に示すように対策前後の原単位を月ごとに比較することもできる。年間を通じて便益条件が一定と想定して検討した省エネ効果とは，かなりの乖離を生じることもある。

一般的に省エネ効果は年単位で評価されるが，このためには各月末までの対策前後の積算エネルギー ΣE を，**図 6.13**（a）に示すように 1 か年について対比していけばよい。

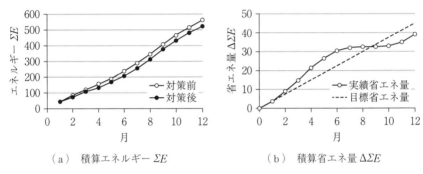

（a）積算エネルギー ΣE （b）積算省エネ量 $\Delta\Sigma E$

図 6.13 季節変動などによる便益変化の省エネ効果の確認・評価の例

図 6.13（b）に示すように，対策前後の積算エネルギーの差 $\Delta\Sigma E$ を月ごとにプロットしていくのも一つのわかりやすい方法である。これは当月までに達成される省エネ量を示すことになる。各月の所要便益および原単位を一定とした目標達成直線を描き対比すれば，さらに状況が把握しやすくなる。

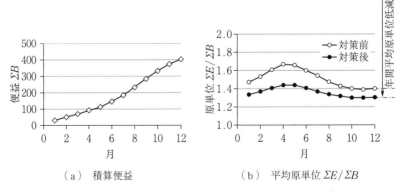

（a）積算便益 （b）平均原単位 $\Sigma E/\Sigma B$

図 6.14 季節変動などによる便益変化の原単位低減の確認・評価の例

6.3 省エネ効果の把握と評価の方法

原単位も一般的に年単位で評価されるが，**図 6.14**（a）に示すように，便益についても各月末までの積算値 ΣB を算定しておき，これと図 6.13（a）に示した各月末までの積算エネルギー量 ΣE を対比していけば，図 6.14（b）に示すように最終的に通年平均原単位の改善の変化を知ることができる。

6.3.3 エネルギー消費量の特性関数

省エネ対策の評価方法としてはさまざまなものがあるが，出力便益変動の考慮に関する考え方から**表 6.2** に示すように三つの方式に分類できる。特に調整を行わない絶対評価法，対策前後のエネルギー消費量をどちらも対策前条件に調整する事前評価法，どちらも対策後条件に調整する事後評価法である。

表 6.2 省エネ効果の評価方法の分類

		絶対評価法 （正規化なし）	事前評価法 （対策前条件に正規化）	事後評価法 （対策後条件に正規化）
出力便益	対策前	B_1	B_1	B_2
	対策後	B_2	B_1	B_2
入力エネルギー	対策前	$E_1=f_1(B_1)$	$E_1=f_1(B_1)$	$E_{1N}=f_1(B_2)$
	対策後	$E_2=f_2(B_2)$	$E_{2N}=f_2(B_1)$	$E_2=f_2(B_2)$
省エネ量	一般形	$f_1(B_1)-f_2(B_2)$	$f_1(B_1)-f_2(B_1)$	$f_1(B_2)-f_2(B_2)$
	線形	$e_1B_1-e_2B_2$	$(e_1-e_2)B_1$	$(e_1-e_2)B_2$

事前評価法では対策後のエネルギー消費量を対策前の便益条件に，事後評価法では対策前のエネルギー消費量を対策後の便益条件に調整する。3 章で EnMS に関して述べたように，このような調整を正規化（normalization）という。

正規化に際しては，入力エネルギー E と出力便益 B との関係を示す特性関数という考え方を導入すると便利である。システム S にエネルギー E を入力することにより便益 B が出力されるエネルギーフローは $B=S(E)$ という特性関数を表すと考えることもできる。しかしエネルギー消費量の調整には，**表 6.3** に示すように $E=f(B)$ という逆関数を考えたほうが便利である。所望の出力便益 B に応じてエネルギー消費量 E が定まるというとらえ方である。

表6.3 省エネ対策によるシステム特性の改善の考え方

考え方	特性関数	線形の場合	用語の定義
入力基準：$E \Rightarrow S \Rightarrow B$	$B = S(E)$	$B = \eta \times E$	効率：$\eta = B/E$
出力基準：$B \Rightarrow f \Rightarrow E$	$E = f(B)$	$E = e \times B$	原単位：$e = E/B$

入力基準（エネルギーフロー）

$E \rightarrow \boxed{S} \rightarrow B$

E：エネルギー
S：システム
B：便益

出力基準
（所望の便益その他条件でエネルギー量が決まる）

RV, $B \rightarrow \boxed{f} \rightarrow E$, SF

RV：関連変数
SF：静的要因
f：特性関数

このような特性関数では，エネルギー消費量 E は出力便益 B 以外にも種々のパラメータの影響を受けるという考え方をとることもある。これらパラメータの中には，例えば気温などのように日常的に変動する関連変数（RV：Relative Variables）と，例えば組織の規模などのように通常は一定と考えられる静的要因（SF：Static Factor）の2種類があるという考え方もある。

実際のエネルギーフローは多数のシステムが網の目のように複雑に絡み合っている。これを個々のシステムに分解して省エネ効果の確認や評価を行うことは，現実的にはかなり難しい。そこで例えば図6.15に示すように，複数のシステムを直列化したエネルギーチェーンをひとまとめにしてシステム S_0 として扱い，最上流システムの入力エネルギー E_0 と最下流システムの出力便益 B_0 との関係をエネルギーフローの特性ととらえるなどの方法によることになる。このようなことからも入力エネルギー E は出力便益 B だけでなく，多くの要因に影響されると考えることもできる。

しかし，多数の変数からなる特性関数を導入することは，かなり複雑になるので，ここでは簡単のため，最終便益 B のみの一変数関数 $E = f(B)$ を特性関

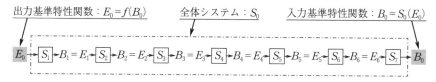

図6.15　直列システムの特性関数

数として考える.特性関数 f が線形関数の場合 $E=e\times B$ であり,係数 e は原単位である.この場合には,対策前後条件を揃えた事前評価法または事後評価法による省エネ量は,表6.2の最下段に示すように対策前後の原単位の差 ($e_1 - e_2$) に比例する.

このことから原単位 e の低減には二つの性格があるといえる.原単位 e の低減は,それ自体がエネルギー消費量 E の低減と並ぶ省エネ効果の重要な指標であるが,同時に E の低減を正規化して評価したものでもある.しかし E と B とが比例関係にあることを前提としており,正規化の手段としては不完全であるという意見も多い.

原単位 e の正規化は,3章でも触れたように具体案がなく現実的には難しいが,原単位の分子はエネルギー消費量 E であり正規化することは可能である.その場合,分母の便益 B については対策前後を共通とすることになり,変化率で見れば原単位とエネルギー消費量は同じ値となる.固定エネルギーによる原単位への影響を軽減する手段の一つとして,今後検討の余地がある.

6.3.4 省エネ対策効果の実績評価

省エネ対策実施後の評価の時点では,対策実施前後の両方のエネルギー消費 E,出力便益 B の実績値の把握が可能で,また B と E の特性関係も判明している場合が多いので,表6.2に示した三つの方法が可能である.そこで本章の最後に,例題により三つの方法を具体的に比較してみる.

図6.16(a)に示すように,便益 B とエネルギー E の特性曲線を大きく改良した場合について検討する.また便益についても,図(b)に示すように,各月および対策前後で大きく変動した場合を考える.

便益条件の変動が大きい場合には,**図6.17**に見るように,絶対評価法では省エネ効果の有無がわかりにくくなることがある.

省エネ対策の実施前の見積では,将来の便益変動が正確に予測できることは少なく,例えば対策前の実績に基づき出荷量 330 t/年(月産 27.5 t)の条件を対策後にも適用して省エネ量を予測する事前評価法によることが通常である.

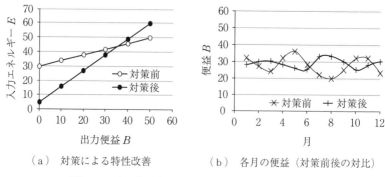

(a) 対策による特性改善　　(b) 各月の便益（対策前後の対比）

図 6.16 省エネ対策前後で便益が変動するモデルの例

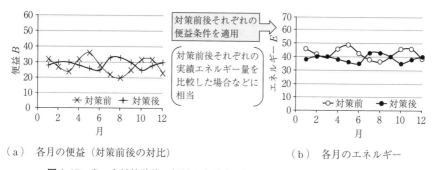

(a) 各月の便益（対策前後の対比）　　(b) 各月のエネルギー

図 6.17 省エネ対策前後で便益が変動する場合の絶対評価法による比較例

もし対策後は 6% 増の 350 t/年（月産 29.2 t）などの増産計画が定まっていれば，対策前後にそれぞれの条件を当てはめて算定する絶対評価法が用いられることもある。

しかし，対策後の月別の出荷量の事前予想による詳細検討は容易ではない。このため詳細評価としては，**図 6.18** に示すように対策前の月別便益変動を対策後に当てはめた事前評価法などを用いることが多い。

一方，対策後では三つの方法のどれも適用可能だが，**図 6.19** に示すような事後評価法が適している。もし省エネ対策を実施していなかったらどうなったかという推定エネルギー消費量を基準に現実のエネルギー消費量を評価するので，比較評価の意義が理解しやすく，さらなる省エネ推進のための判断材料としても有意義である。また，対策前エネルギーをリアルタイムの便益データを

6.3 省エネ効果の把握と評価の方法　153

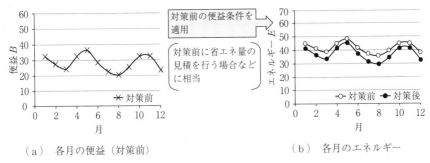

（a）各月の便益（対策前）　　　　　　（b）各月のエネルギー

図6.18　省エネ対策前後で便益が変動する場合の事前評価法による比較例

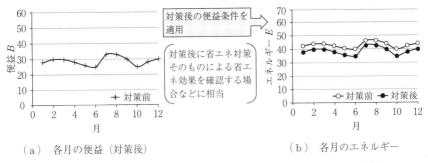

（a）各月の便益（対策後）　　　　　　（b）各月のエネルギー

図6.19　省エネ対策前後で便益が変動する場合の事後評価法による比較例

用いて正規化を行うことになるので，過去のデータを使用する事前評価法よりも実用上も便利である。

　ただし，目的によっては絶対評価法も必要になってくる。正規化などのデータ処理などを特に行っていない実測値であるため最も信頼性が高いという意見も多く，報告の目的や報告先によっては絶対評価法の結果が求められる場合も多い。また，正規化には対策前後の特性曲線が必要であり，特性曲線データの信頼性が不十分な場合は絶対評価法によらざるを得ない。

　対策後の評価年度の便益条件が特殊な場合には，対策前の便益条件を適用した事前評価法が優れる場合もある。たまたま対策完了年が冷夏で季節製品の出荷が低下したような場合は，対策前の条件か，あるいは例えば過去10か年の平均などを用いる方法もある。状況に応じて，最も適切な方法をとる必要がある。

7 これからの省エネを考える

7.1 多面的,総合的な省エネが必要

　ここまで,エネルギーフローの観点から省エネについて述べてきた。省エネの果たすべき役割はますます拡大している。本章では,これからの省エネについて少し考えてみたい。

　まず,これまで述べてきた省エネの現状を整理してみると,**図7.1(a)**に示すように,組織の省エネ,機器の省エネ,個人の省エネがあり,これらは相互に関連している。最重点は人類社会全体まで含めた組織の省エネだが,個人の意識や行動などのようにエネルギーフローへの技術的なアプローチだけでは対応できないさまざまな課題がある。

　そこで本書では,図(b)に示すように,省エネをエネルギーだけでなく,マネジメント,バリューの三つの方向からとらえたエネルギーフローアプローチを考えてきた。エネルギーフローの改善は,熱力学的に定義される本質エネルギーの効率向上などばかりでなく,エネルギー消費の結果として得られる便益の価値も考慮に入れ,便益の無駄遣いなどの**モッタイナイ**を減らしていくことを考えた。また,エネルギーから便益への効率的なフローを確保するためのマネジメントについても考えてみた。

　現在のところわれわれは大半のエネルギーを化石燃料に依存しており,これが**図7.2**に示すように長いサプライチェーンを経て電気,燃料,熱などの二

7.1 多面的,総合的な省エネが必要

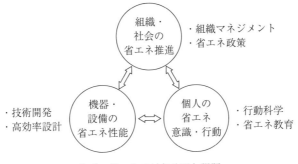

(a) 省エネの対象分野と課題

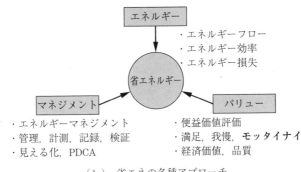

(b) 省エネの各種アプローチ

図7.1 省エネの現状の整理

次エネルギーに変換され,この二次エネルギーを使用して種々の便益を生成し活用している。持続可能な社会の維持に必要な便益を確保しつつ化石燃料消費を削減するためには,このエネルギーフローの各所で生じる無駄や損失を削減していくことが省エネの使命であろう。

今日,エネルギーフローはますます複雑化してきた。また,エネルギーを使用するわれわれ人類社会も複雑化,多様化している。しかし幸いなことに,人類の英知は情報技術という新しいツールを産み出した。例えば人々のエネルギー消費行動はエネルギーフローに影響を及ぼし,エネルギー価格変動などはフィードバック信号のように人々の行動に影響する。

市場メカニズムや人々の多様な価値観などに関する課題に対しては,本書で

156   7. これからの省エネを考える

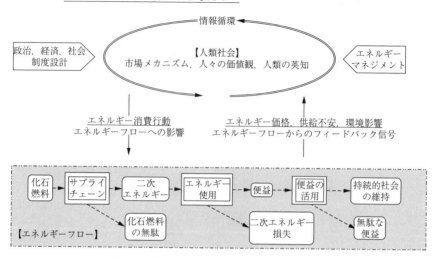

図7.2 多面的,複眼的な省エネ推進への貢献

述べてきたエネルギーフローアプローチだけでは無力だろう。多面的,複眼的な省エネ推進が重要になってくると感じられる。エネルギーマネジメントや発達してきた情報技術を最大限に活用し,政治,経済,社会などの側面からのアプローチとも連携協力し,総合的に省エネを推進していくことが必要だろう。

7.2 スタティックな省エネからダイナミックな省エネへ

2007年に策定された省エネ技術戦略で「時空を超えた省エネ技術」が採り上げられ,2016年版NEDOの省エネ技術戦略の「部門横断」[20]に引き継がれ,エネルギー転換,産業,民生,運輸と並ぶ重点分野の一つとなっている。例えば産業部門では数百℃未満の廃熱がまだ多量にあり,民生部門に必要な数十℃の熱需要を量的には十分に賄えるが,廃熱の発生の時間と場所が不一致で活用が難しい。エネルギーの供給元と需要先の時間的,空間的なミスマッチを解消する技術開発による大きな省エネ効果が期待されている。

2011年3月の東日本大震災に伴い国内原発が停止し,特に冷房需要がピークを迎える夏場昼間の電力供給不安から緊急節電が重要課題となった。電力消

費の大きい工場等には，たとえ年間電力消費量が増大することがあっても，休日や夜間などに操業を分散してピーク電力を低減するピークシフトなどが要請された。

　今日，太陽光や風力などの再エネの利用が急拡大しているが，日照や風況などの自然条件による発電量の時間的変動への対応が大きな課題となっている。エネルギーの需要と供給の時間的なミスマッチはますます増大していくと考えられる。

　これまでの省エネは，例えば年間エネルギー消費量の低減などのスタティックな視点で考えられてきたが，今後はダイナミックな省エネの重要性が増大すると考えられる。電力でいえばkWhの省エネからkWの省エネへシフトしていかざるを得ないだろう。省エネ法も東日本大震災を受けて，じつは省エネと節電の二本立ての構成に改正されている。

　本書のエネルギーフローアプローチでは，年間のエネルギー消費量の積分値などであるストック量を念頭に整理してきたが，瞬時ごとのフロー量で評価する方法を整理していく必要があると感じている。

7.3　再エネを含めたグローバルな省エネ

　今後は再エネの活用を拡大しなければならないことは確実である。省エネは今後とも必要だが限度がある。再エネの活用なくしてはパリ協定の目標達成，地球温暖化抑制は不可能だろう。

　省エネと再エネはしばしば混同されることもあるが，これまでのところ明確に役割が異なっていた。省エネは化石燃料の利用方法を改良することにより，再エネは化石燃料を利用せず代わりに再エネを利用することにより，できるだけ少ない化石燃料消費で必要な便益を確保するという役割を担ってきた。しかし今後は，再エネの省エネ，つまり再エネの利用方法を改良することにより，再エネの消費量もできるだけ減らすことが重要になってくるだろう。

　ところで再エネの消費とは何だろう。再エネとは再生可能エネルギーの略語

であり,いくら使ってもつぎつぎと再生されることが特徴である。太陽光や太陽熱はいくら使っても途絶えることはない。風力を使って発電しても風が吹かなくなることはない。尽きることなく永遠に湧き出てくる。

だが再エネも無限ではない。化石燃料のように埋蔵量がいくらという定義はできないが,例えば1年当りといったように期間を区切れば有限である。また場所を区切れば有限ではないかと考えられる。メガソーラーやウィンドファームの立地も,いずれ飽和してくる可能性がある。大規模ダムによる水力発電は,すでにわが国では飽和している。

米国 EIA（Energy Information Administration）[21]の公開データに基づき,世界209か国・地域について国土面積と年間再エネ発電量の関係を整理してみたところ,**図7.3**に示すようにわが国の国土面積当り再エネ発電量密度は世界でもトップクラスとなっている。1990年当時はスイス,オーストリア,ノルウェーに次ぐ第4位であったが,近年ドイツ,ベルギー,デンマークなどが急伸し,やや順位を下げている。それでも世界平均の約10倍,ロシアの数十倍,オーストラリアの数百倍という高密度である。

現在,わが国の再エネは水力を含めて6～7%にすぎない。北欧諸国などに比べきわめて低い数字である。再エネ利用の飛躍的拡大が望まれる。だが,わが国のエネルギー自給率は原発の停止で6～7%となっていることにも注意が必要だ。これも世界的に見て最低レベルである。言い換えれば,現在では国産エネルギーのほぼ100%が再エネとなっていることになる。つまり国内には再エネしかない。

わが国にとって,再エネの利用拡大はエネルギー供給安定化のためにも不可欠である。しかし国内の再エネ利用は再エネ発電量密度から考えると,今後の拡大はせいぜい数倍が限度かもしれない。さらなる省エネ推進により国内エネルギー需要を低減すれば,分母が減った分だけ再エネの割合は増えるだろう。しかし,それでは化石燃料依存からの脱却にはとても届きそうもない。

地産地消は再エネの大きなメリットの一つである。しかし,これからはそれではとても足りない。国内の再エネ利用だけを考えていては不十分である。

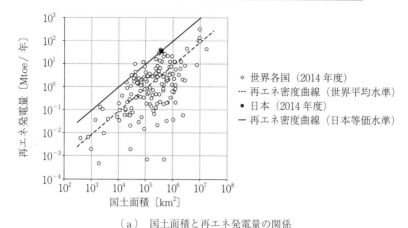

（a）国土面積と再エネ発電量の関係

（b）国土面積当りの再エネ発電量密度の推移

図 7.3　再エネ発電量密度の世界比較

オーストラリア，カナダ，ロシアなどには広大な国土に莫大な再エネポテンシャルが眠っているといえる。例えば液体水素のようなエネルギー媒体を活用すれば，海外の再エネを日本に大量に輸入し利用することが期待できる。これまで化石燃料について考えてきたのと同様に，再エネについてもグローバルな視点でとらえ，省エネの技術と手法を最大限に活かして，地球全体として効率的に再エネを利用するような考え方に転換していくことも重要と考える。

引用・参考文献

1) 経済産業省資源エネルギー庁：エネルギーに関する年次報告（エネルギー白書）2016, 2018, http://www.enecho.meti.go.jp/about/whitepaper/
2) 駒井啓一：省エネポテンシャルのエネルギー資源オプションとしての活用, 日本エネルギー学会誌, Vol.**92**, No.1, p.54（2013）
3) 駒井啓一：「省エネ」という巨大エネルギー資源を求めて, 日本エネルギー学会誌, Vol.**91**, No.7, p.549（2012）
4) 髙村淑彦：エネルギー消費原単位とは, 月刊省エネルギー, Vol.**68**, No.12, 省エネルギーセンター（2016）
5) 経済産業省資源エネルギー庁：省エネ法の概要（パンフレット）, http://www.enecho.meti.go.jp/category/saving_and_new/saving/summary/pdf/2017_gaiyo.pdf
6) 資源エネルギー庁省エネルギー対策課監修：平成25年度改正［省エネ法］法令集, 省エネルギーセンター
7) 駒井啓一：［工場等判断基準］の構成と改正のポイント, 月刊省エネルギー, Vol.**61**, No.5, 省エネルギーセンター（2009）
8) 経済産業省資源エネルギー庁：トップランナー制度―世界最高の省エネルギー機器等の創出に向けて, http://www.enecho.meti.go.jp/category/saving_and_new/saving/data/toprunner2015j.pdf
9) 資源エネルギー庁省エネルギー・新エネルギー部省エネルギー課：エネルギーの使用の合理化等に関する法律第15条及び第19条に基づく定期報告書記入要領（2017）
10) 資源エネルギー庁省エネルギー対策課監修：平成25年度改正省エネ法の解説［工場・事務所　事業場編］, 省エネルギーセンター
11) 経済産業省：長期エネルギー需給見通し（2015.7）, http://www.meti.go.jp/press/2015/07/20150716004/20150716004_2.pdf
12) 西尾匡弘編著：すぐわかるISO50001（エネルギーマネジメントシステム）, 日本規格協会（2011）
13) ISO 50001解説と適用ガイド編集委員会著, 西尾匡弘編：ISO 50001：2011（JIS

Q 50001：2011）エネルギーマネジメントシステム 解説と適用ガイド（Management System ISO SERIES），日本規格協会
14) エネルギーマネジメントシステム審査員評価登録センター（ホームページ），https://www.eccj.or.jp/cemsar/
15) 吉田邦夫編：エクセルギー工学 ―理論と実際―，共立出版（1999）
16) 中野俊夫，吉開朋弘：需要予測の精度向上・共有化による省エネ物流プロジェクト，日本エネルギー学会機関誌えねるみくす，Vol.96, No.3（2017）
17) 省エネルギー手帳2019，省エネルギーセンター（2019）
18) 省エネルギーセンター技術部ビル調査グループ：省エネチューニングガイドブック（改訂版），省エネルギーセンター（2007），https://www.eccj.or.jp/b_tuning/gdbook/b_tuning_gdbook.pdf
19) 巽浩之，松田一夫：ピンチテクノロジー ―省エネルギー解析の手法と実際，省エネルギーセンター
20) 資源エネルギー庁，国立研究開発法人新エネルギー・産業技術総合開発機構：省エネルギー技術戦略2016（2016.9），http://www.nedo.go.jp/content/100795546.pdf
21) U.S. Energy Information Administration（ホームページ），https://www.eia.gov/

―― 著者略歴 ――

1971 年	東京大学工学部資源開発工学科卒業
1973 年	東京大学大学院工学系研究科修士課程修了（資源開発工学専門課程）
1973 年	川崎重工業株式会社勤務（プラントエンジニアリング部門）
1990 年	工学博士（東京大学）
1996 年	川崎重工業株式会社 技術開発本部（エネルギー関連技術開発推進担当部長等）
2003 年	省エネルギーセンター勤務（診断指導部長，技術部長等）
2005 年	熱管理士
2009 年	エネルギー管理士
2013 年	川崎重工業株式会社 水素チェーン開発センター（上席研究員），省エネルギーセンター（エネルギー使用合理化専門員，技術調査員），その他，エネルギー管理士事務所（自営）にて各種省エネ活動に従事 現在に至る

エネルギーフローアプローチで見直す省エネ
―― エネルギーと賢く，仲良く，上手に付き合う ――

Ⓒ 一般社団法人 日本エネルギー学会 2019

2019 年 6 月 7 日 初版第 1 刷発行

検印省略	編 者	一般社団法人 日本エネルギー学会 ホームページ http://www.jie.or.jp
	著 者	駒　井　啓　一 (こま　い　けい　いち)
	発行者	株式会社　コロナ社 代表者　牛来真也
	印刷所	萩原印刷株式会社
	製本所	有限会社　愛千製本所

112-0011 東京都文京区千石 4-46-10
発行所　株式会社　コロナ社
CORONA PUBLISHING CO., LTD.
Tokyo Japan
振替 00140-8-14844・電話(03)3941-3131(代)
ホームページ　http://www.coronasha.co.jp

ISBN 978-4-339-06835-1　C3350　Printed in Japan　　　（柏原）

本書のコピー，スキャン，デジタル化等の無断複製・転載は著作権法上での例外を除き禁じられています。購入者以外の第三者による本書の電子データ化及び電子書籍化は，いかなる場合も認めていません。
落丁・乱丁はお取替えいたします。

エネルギー便覧

（資源編）　（プロセス編）

日本エネルギー学会 編
編集委員長：請川 孝治

★ 資　源　編：B5判／334頁／本体　9,000円 ★
★ プロセス編：B5判／850頁／本体 23,000円 ★

刊行にあたって

　21世紀を迎えてわれわれ人類のさらなる発展を祈念するとき，自然との共生を実現することの難しさを改めて感じざるをえません。近年，アジア諸国をはじめとする発展途上国の急速な経済発展に伴い，爆発的な人口の増加が予想され，それに伴う世界のエネルギー需要の増加が予想されます。

　石炭・石油などの化石資源に支えられた20世紀は，われわれに物質的満足を与えてくれた反面，地球環境の汚染を引き起こし地球上の生態系との共存を危うくする可能性がありました。

　21世紀におけるエネルギー技術は，量の確保とともに地球に優しい質の確保が不可欠であります。同時に，エネルギーをいかに上手に使い切るか，いわゆる総合エネルギー効率をどこまで向上させられるかが重要となります。

　（旧）燃料協会時代に刊行された『燃料便覧』は発刊後すでに20年を経過し，目まぐるしく変化する昨今のエネルギー情勢のなかで，その存在価値が薄れつつあります。しかしながら，エネルギー問題は今後ますますその重要性を高めると考えられ，今般，現在のエネルギー情勢に適応した便覧を刊行することになりました。

　本エネルギー便覧は，「資源編」と「プロセス編」の2分冊とし，エネルギー分野でご活躍の第一線の技術者・研究者のご協力により，「わかりやすい便覧」を作成いたしました。皆様の座右の書として利用していただけるものであると自負しております。

　最後に，本書が学術・産業の発展はもとより，エネルギー・環境問題の解決にいささかでも寄与できることを祈念します。

主要目次

【資源編】

I. 総　論〔エネルギーとその価値／エネルギーの種類とそれぞれの特徴／2次エネルギー資源と2次エネルギーへの転換／エネルギー資源量と統計／資源と環境からみた各種非再生可能エネルギーの特徴／エネルギー需給の現状とシナリオ／エネルギーの単位と換算〕

II. 資　源〔石油類／石炭／天然ガス類／水力／地熱／原子力（核融合を含む）／再生可能エネルギー／廃棄物〕

【プロセス編】

石油／石炭／天然ガス／オイルサンド／オイルシェール／メタンハイドレート／水力発電／地熱／原子力／太陽エネルギー／風力エネルギー／バイオマス／廃棄物／火力発電／燃料電池／水素エネルギー

定価は本体価格+税です。
定価は変更されることがありますのでご了承下さい。

◆図書目録進呈◆

エコトピア科学シリーズ

■名古屋大学未来材料・システム研究所 編（各巻A5判）

　　　　　　　　　　　　　　　　　　　　　　　　　頁　本体
1. エコトピア科学概論
　　― 持続可能な環境調和型社会実現のために ―　　田原　譲他著　208　2800円
2. 環境調和型社会のためのナノ材料科学　　　　　　余語利信他著　186　2600円
3. 環境調和型社会のためのエネルギー科学　　　　　長崎正雅他著　238　3500円

シリーズ　21世紀のエネルギー

■日本エネルギー学会編　　　　　　　　　　（各巻A5判）

　　　　　　　　　　　　　　　　　　　　　　　　　頁　本体
1. 21世紀が危ない
　　― 環境問題とエネルギー ―　　　　　　　　　小島紀徳著　　144　1700円
2. エネルギーと国の役割
　　― 地球温暖化時代の税制を考える ―　　　　　十市・小川　共著　154　1700円
　　　　　　　　　　　　　　　　　　　　　　　　佐川
3. 風と太陽と海
　　― さわやかな自然エネルギー ―　　　　　　　牛山　泉他著　158　1900円
4. 物質文明を超えて
　　― 資源・環境革命の21世紀 ―　　　　　　　　佐伯康治著　　168　2000円
5. Cの科学と技術
　　― 炭素材料の不思議 ―　　　　　　　　　　　白石・大谷　共著　148　1700円
　　　　　　　　　　　　　　　　　　　　　　　　京谷・山田
6. ごみゼロ社会は実現できるか　　　　　　　　　行本・西　共著　142　1700円
　　　　　　　　　　　　　　　　　　　　　　　　立　本田
7. 太陽の恵みバイオマス
　　― CO₂を出さないこれからのエネルギー ―　　松村幸彦著　　156　1800円
8. 石油資源の行方
　　― 石油資源はあとどれくらいあるのか ―　　　JOGMEC調査部編　188　2300円
9. 原子力の過去・現在・未来
　　― 原子力の復権はあるか ―　　　　　　　　　山地憲治著　　170　2000円
10. 太陽熱発電・燃料化技術
　　― 太陽熱から電力・燃料をつくる ―　　　　　吉田・児玉　共著　174　2200円
　　　　　　　　　　　　　　　　　　　　　　　　郷右近
11. 「エネルギー学」への招待
　　― 持続可能な発展に向けて ―　　　　　　　　内山洋司編著　176　2200円
12. 21世紀の太陽光発電
　　― テラワット・チャレンジ ―　　　　　　　　荒川裕則著　　200　2500円
13. 森林バイオマスの恵み
　　― 日本の森林の現状と再生 ―　　　　　　　　松村・吉岡　共著　174　2200円
　　　　　　　　　　　　　　　　　　　　　　　　山崎
14. 大容量キャパシタ
　　― 電気を無駄なくためて賢く使う ―　　　　　直井・堀　編著　188　2500円
15. エネルギーフローアプローチで見直す省エネ
　　― エネルギーと賢く、仲良く、上手に付き合う ―　駒井啓一著　174　2400円

　　　　　　　　　　　以　下　続　刊

新しいバイオ固形燃料　　　井田民男著　　グローバル二酸化炭素リサイクル　橋本功二著
　― バイオコークス ―

定価は本体価格＋税です。
定価は変更されることがありますのでご了承下さい。

図書目録進呈◆